番茄缺镁中后期

番茄缺钙

番茄缺硼引起异常茎

番茄缺硼引起木栓化果

1

番茄缺铁引起心叶黄化

番茄缺锌

番茄缺锰形成凸起的褪绿斑

番茄缺钼叶片症状

番茄氮素过剩，茎上出现灰白色至淡褐色斑块

番茄畸形果——菊型果

番茄畸形果——乱形果

番茄畸形果——雌蕊"带化"形成的果实

3

番茄亚硝酸气害

番茄空洞果

番茄 2，4-D 中毒症

番茄细纹裂果

4

番茄开窗果（皮包不住肉）

番茄畸形花——雌蕊"带化"

番茄缺磷出现紫红苗（苗期）

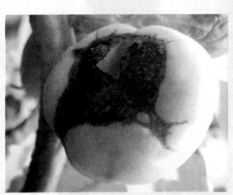

番茄顶裂果

5

番茄放射状裂果

番茄果实环状裂果

茄子缺氮中下部叶变黄

茄子缺钙

茄子缺镁

茄子缺铁

茄子缺锌

茄子缺锰

茄子二氧化硫中毒

茄子僵果

茄子畸形花——短花柱

茄子果斑驳型着色不良

8

茄子乌皮果

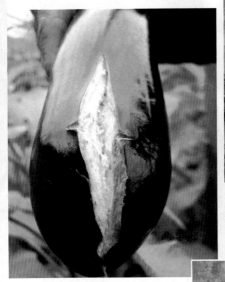

茄子浇水不当造成的裂果

茄子畸形花造成的裂果

甜椒缺磷引起的紫斑果

辣椒缺镁

辣椒缺硼

辣椒氨害

辣椒日灼果

甜椒蒂腐果

甜椒僵果

黄瓜缺钾

黄瓜缺钙

**11**

黄瓜缺镁

黄瓜缺镁田间表现

黄瓜缺锌，叶肉颜色
变淡，叶脉清晰可见

黄瓜缺硼

12

黄瓜缺铁，上部叶黄白化

黄瓜花打顶

黄瓜弯曲瓜

黄瓜细腰瓜

13

黄瓜大头瓜

黄瓜"泡泡病"病叶

黄瓜盐害——中部叶
片出现"镶金边"状

黄瓜溜肩果

14

黄瓜药害

黄瓜化瓜

丝瓜叶烧病

丝瓜花打顶

15

丝瓜裂瓜

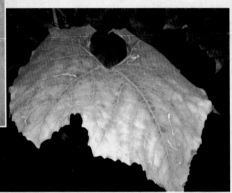

冬瓜缺钾

冬瓜缺镁

冬瓜缺硼

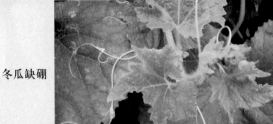

16

# 日光温室蔬菜
## 生理病害防治200题

胡永军　王新文　编著

金盾出版社

# 内 容 提 要

本书由我国著名的蔬菜之乡——山东省寿光市农业局一线农业技术推广人员编著。编著者以问答方式，介绍了寿光菜农总结的常种蔬菜各种生理病害的防治技术，对生理病害的主要症状、发生原因、识别与诊断、防治（防止）方法等作了全面翔实的叙述。该书内容紧贴蔬菜生产实际，技术先进，实用性和可操作性强，文字简明通俗，是防治蔬菜生理病害的实用性通俗读物，适合广大菜农和基层农业技术人员阅读，亦可供农业院校有关专业师生参考。

**图书在版编目(CIP)数据**

日光温室蔬菜生理病害防治 200 题/胡永军,王新文编著.—北京:金盾出版社,2007.3
ISBN 978-7-5082-4444-0

Ⅰ.日… Ⅱ.①胡…②王… Ⅲ.蔬菜-植物病害-防治-问答 Ⅳ.S436.3-44

中国版本图书馆 CIP 数据核字(2007)第 004686 号

**金盾出版社出版、总发行**

北京太平路 5 号(地铁万寿路站往南)
邮政编码:100036 电话:68214039 83219215
传真:68276683 网址:www.jdcbs.cn
彩色印刷:北京 2207 工厂
黑白印刷:北京天宇星印刷厂
装订:北京天宇星印刷厂
各地新华书店经销
开本:787×1092 1/32 印张:5.25 彩页:16 字数:104 千字
2009 年 1 月第 1 版第 3 次印刷
印数:18001—26000 册 定价:9.50 元
(凡购买金盾出版社的图书,如有缺页、
倒页、脱页者,本社发行部负责调换)

# 前　言

　　日光温室蔬菜栽培,是在不适宜蔬菜生长的寒冷季节或炎热季节,利用一定的保温防寒或降温防热设施,人为地创造适宜蔬菜生长发育的小气候环境而进行的蔬菜栽培方式。目前,我国各地的日光温室都具有半封闭和室内环境条件人为控制程度较低的特点。在蔬菜生产过程中,不适宜蔬菜生长的室内环境条件远比露地栽培恶劣和复杂,经常出现蔬菜生长受阻现象,并表现出各种生理障碍症状。这种生理障碍不同于由病原菌侵染而造成的蔬菜病害,一般把这种生理障碍称为生理病害或生理障碍。蔬菜生理病害是影响蔬菜生长发育和导致并加重蔬菜其他病害的主要原因。造成蔬菜生理病害的因素主要有营养元素的缺乏与过剩、温度低、光照不足、水分管理不当、盐害、二氧化碳不足和有毒气体等。如在生产过程中由于长期连作,氮肥用量多,磷、钾肥以及微肥用量少,导致土壤次生盐渍化加重,蔬菜缺素症普遍发生。特别是冬季低温,翌年 3～4 月份棚室内温度、光照、水分、空气等变化大,难以调节,常易引起高温性生理障碍、低温冻害、空心果、落花落果、畸形果等。与过去相比,棚室内蔬菜生理病害的发生越来越多,已成为日光温室蔬菜栽培的一大难题。

　　山东省寿光市广大菜农在长期发展日光温室蔬菜栽培的实践中,在蔬菜生理病害防治上摸索、积累和总结了丰富的经验。笔者认为,他们的经验对全国广大菜农是有参考和借鉴价值的。为尽笔者帮助广大菜农防治温室蔬菜生理病害的一份心力,我们搜集、整理寿光市菜农在防治蔬菜生理病害的做法和经验,编著了本书以飨读者。

本书主要内容包括番茄、茄子、辣(甜)椒、黄瓜、西葫芦、丝瓜、苦瓜、西瓜、甜瓜、冬瓜、菜豆、豇豆、芹菜、花椰菜、甘蓝等蔬菜常见生理病害的主要症状、识别与诊断、发生原因和防治措施等。为了便于广大菜农阅读,我们采用问答方式进行叙述,并力求简明扼要,浅显明瞭,使读者一读便懂,一用就见效。

在本书的编写过程中,参阅了一些关于蔬菜生理病害防治方面的著述,在此谨向这些著作者表示诚挚的感谢。

由于笔者水平所限,书中错漏和不足之处在所难免,恳请专家、同行和读者批评指正。

编著者

二○○七年二月

# 目　录

## 1. 如何区别蔬菜生理性病害和病理性病害?

引起病害的直接原因统称为"病原"。按其性质,可以分为生理性病原和病理性病原两大类。

生理性病原,是指影响作物正常生长发育的非生物因素,如水分、温度、营养元素、光照、有害物质和农药使用等。这些因素可引起作物的萎蔫、烂根、灼伤、冷害、营养不良和药害等病害。但因这些病害没有传染过程,在植株间不会相互传染,故称为"生理性病害"。病理性病原,是指以作物为寄生对象的有害生物,主要有真菌、细菌、病毒、类菌原体、线虫和寄生性种子植物,通称为"病原物"。凡由生物性病原引起的农作物病害,能在植株间相互传染,故称为病理性病害。

生理性病害一般表现为在一定程度上均匀发生,发病程度由轻到重,且通常表现为全株性发病。病理性病害除作物的外部器官发生病变,如变色、坏死、腐烂、萎蔫和畸形外,还在植株的发病部位产生病原物的某些病征,如粉状物、霉状物、点状物、锈状物、煤污状物、菌核和脓状物等。

## 2. 蔬菜病害与缺素症在田间如何区分?

蔬菜病害主要包括真菌、病毒与线虫病害。缺素症是一种生理性病害,是蔬菜作物缺乏某种营养元素所表现出的特异症状。一般来说,二者在外观上差异较大,当蔬菜感染某种真菌病害时,病部常出现霉状物,而如果缺氮,叶片会自下而上均匀黄化,呈现较强的规律性。但有时病害与缺素症在外观表现上会很相似,特别是在发病初期,如番茄缺镁症与病毒病都表现为叶片黄绿相间,较难区分,给防治工作带来了困难。在这种情况下,可从以下3个方面综合考虑进行区分。

(1)看病症发生发展的过程  蔬菜病害具有传染性,因此病害的发生一般具有明显的发病中心,然后迅速向四周扩散,若不及时防治,对蔬菜生长可造成很大危害。而缺素症一般无发病中心,以散发居多,若不采取补救措施,亦会严重影响产量和品质。

(2)看病症与土壤的关系  蔬菜病害与土壤类型、特性大多无特殊关系,无论何种土壤类型,如有病原,都可通过浇水、昆虫等传播,从而使蔬菜作物感染病害。通常肥田多发,特别是在氮肥施用量偏高而又不注意磷、钾肥配合施用的田块,病害侵袭尤为严重。作物缺素症的出现与土壤类型、特性有明显的关系。如碱性土壤不易缺钼,而酸性土壤则易缺乏此种元素,植株表现为生长不良、矮小,呈鞭尾状叶、杯状叶或者黄斑状叶等。对于不同肥力水平的土壤,都可发生某种或某些缺素症,但瘠薄土壤多发。

(3)看病症与天气的关系  蔬菜病害一般在阴天、湿度大的天气多发或病症加重,植株群体郁闭时更易发生,应注意观察天气及植株群体长势状况,及早防治。缺素症与地上部空气湿度关系不大,但土壤长期滞水或干旱可促发某些缺素症。如植株长期滞水可导致缺钾,表现为叶片自下而上叶缘焦枯,像火燎一样。春季干旱可诱发蔬菜缺锰,症状首先出现在心叶,表现为叶脉间失绿,并出现黄白色斑点。

### 3. 如何识别激素药害、病毒病和茶黄螨危害?

蔬菜上的激素药害、病毒病和茶黄螨危害三者的病状相似,常常因识别错误而不能对症用药错过防治时机。识别方法如下:

(1)激素药害  在使用激素过量后,生长点叶片向下卷曲,细长,叶缘扭曲畸形,但激素药害的叶背无油渍状,也不变黄褐色,叶片僵硬、增厚不明显,且一般是大面积同时发生。

(2)病毒病　主要有3种症状:①花叶。植株矮化不明显,上部叶片出现褪绿角斑与圆斑,因病斑扩展受叶脉限制多呈三角形,最后变为褐色。叶片上出现深绿和浅绿相间的块状斑或线纹。②蕨叶。生长点或腋叶都发展成细长小叶,小叶后来变细甚至没有叶肉,仅留叶脉,最后呈螺旋形下卷,俗称"鸡爪叶"。③条斑。植株中下部叶片和果实上有灰白色、淡黄色坏死斑驳或不规则的条斑及条纹。

(3)茶黄螨危害　因其虫体很小,其症状常被误认为激素药害和病毒病。茶黄螨吸取叶液以后,叶片变硬、变脆,叶肉增厚,嫩梢扭曲畸形,而叶背呈现油质光泽或油浸状,变黄褐色或灰褐色。

## 4. 引起蔬菜生理病害发生的因素有哪些?

引起蔬菜生理病害的因素多种多样,而且相互制约,关系十分复杂,大体可分为下列4类:

(1)物理因素　①温度。温度过高可引起某些器官或组织灼伤,如番茄、辣椒的日灼病。温度过低,如春季的倒春寒常使一些不耐寒的幼苗不发根,地上部停止生长。②湿度。如土壤湿度过大,会使植物根围缺氧而窒息,或产生二氧化碳及其他有毒物质造成根部中毒或死亡。③光照。光照不足会造成植株徒长,组织脆弱,抗性降低;光照过强结合高温易引起日灼病。

(2)化学因素　①土壤酸碱度。植物一般的适应范围为pH 4~8,pH小于3或大于8会造成生长不良,不发苗、早衰。②土壤化学元素缺素症是蔬菜常见的生理病害。如缺氮易引起下部叶黄化,植株早衰;缺钙再加上水分供应失调易发生番茄脐腐病;缺钙可引起大白菜干烧心。

(3)环境污染 工厂排出的"三废",即废气、废渣、废水会造成空气污染、水源污染和土壤污染,均可引起蔬菜受害。如用含硼污水浇灌将引起蔬菜硼中毒症。

(4)药害 在蔬菜栽培管理过程中,用于防治病、虫、草的各种农药或植物生长素,如使用不当常会使作物受害,引起叶片变色、枯焦,植株凋萎,落花、落果,器官畸形等。比如,番茄用2,4-D蘸花,浓度过高时会使叶片变成鸡爪状的畸形叶。

防治生理病害,要弄清发病原因,对症施治,从栽培管理上加强预防措施。

### 5.磷素过剩对蔬菜有什么危害? 怎样防治?

(1)主要危害 磷过剩不像氮素过剩会产生诸如徒长、倒伏、抗性减弱等外观形态上的变化,但它对微量元素和镁的吸收、利用,对蔬菜体内的硝酸同化作用均产生不利影响,主要有以下三点:①影响多种微量元素的吸收。磷素阻碍锌离子的吸收、运输和利用,植株体内的磷与锌的比值小于400时生长正常,大于400时则表现缺锌。如土壤中磷多,将降低铁的活性,还影响铁的吸收。此外,磷抑制铁在植株体内的移动。如土壤中磷过剩,会造成锰缺乏。②影响镁的吸收。磷过剩会导致缺镁,尤其在温室中的低温条件下,磷肥用量过多会助长缺镁症。③影响蔬菜体内的硝酸还原作用。蔬菜有好硝酸性,而吸收到蔬菜体内的硝酸根离子必须在根或叶中转化为铵离子后才能加入到合成氨基酸和蛋白质的氮同化过程中。土壤中磷素富集,会导致蔬菜体内硝酸还原作用强度的减弱,进一步影响氮同化。

（2）防治措施　土壤中磷素富集也是菜田土壤熟化程度的重要标志，往往熟化程度愈高的老菜田，土壤中磷素的富集量也愈高。应当通过控制磷肥的施用量来防止土壤中磷素的过量富集，同时通过调节土壤环境，提高土壤中磷的有效性，促进蔬菜根系对磷素的吸收，以改善蔬菜生长发育状况。

## 6. 如何防止日光温室次生盐渍化？

（1）日光温室次生盐渍化发生的原因　为提高日光温室经济效益，一般采用周年覆盖栽培，再加上施肥量大，易造成棚室内盐分大量积累，溶液浓度往往是露地的 2～3 倍（露地为 3 000 毫克/升，日光温室为 7 000～8 000 毫克/升）。这是由于蔬菜在覆盖条件下，棚内温度较高，土壤蒸发量大，又缺乏雨水的淋洗，使下层盐类由毛细管作用上升在表层积累；同时，日光温室内蔬菜的生长发育速度较快，产量高，为了满足蔬菜生长发育对营养的要求，需要大量的肥料。但由于土壤类型、质地、肥力以及不同蔬菜作物生长发育对营养元素吸收的多样性、复杂性，菜农很难掌握其适宜肥料种类和用量，所以经常出现过量施肥的情况，时间一长就大量积累，这些肥料会超过理论值的 3～5 倍，加剧了土壤的盐渍化，使土壤溶液浓度很快升高。土壤出现次生盐渍化最明显的特征是土表出现红绿苔。

（2）主要危害　盐类累积影响水分、钙的吸收，造成土表硬壳、作物烂根，使铵浓度升高，作物对钙的吸收受阻，导致叶色深而卷曲。蔬菜受害后，叶色深绿，有蜡质，有闪光感；严重时，叶色变褐，下部叶反卷或下垂，根短、量少，头齐钝，变褐色；植株矮小，叶片小，生长僵化，严重时中午凋萎，早晚恢复，几经反复后枯死。不同蔬菜中毒反应不同：芹菜心腐；白菜烧叶;黄瓜茎尖萎缩,叶片小;番茄幼苗老化,茎尖凋萎,果实畸形。

(3)防止措施　解决盐渍化宜从预防着手,平时要以有机肥做基肥为主,尽可能减少化肥使用量;化肥可用过磷酸钙、磷酸铵、磷酸钾,因这些肥料易被土壤吸收,土壤溶液浓度不易升高。要开好排水沟,在夏季撤下棚膜或利用棚内微喷设施,淋水排盐;深翻土壤除盐,覆盖作物秸秆防盐。也可以换地除盐,即种植3~5年蔬菜后,换到新的未盐渍化土壤中建造日光温室或大棚。

### 7. 如何识别与防治喷药引起的药害?

(1)主要症状　无论是秧苗或是成株,用药不当均会引起药害,其中以秧苗出现药害的情况较为普遍。茄果类、瓜类等蔬菜秧苗较为柔嫩,耐药性均较差,在育苗过程中往往由于用药不慎而引起秧苗产生药害。特别是素质较差的秧苗和徒长苗更容易受害。受到药害或肥害的秧苗,其叶片常常发生畸形或干枯,生长受阻;严重时,造成秧苗死亡。

(2)发生原因　①使用不适宜的农药。如防治瓜类蔬菜苗期灰霉病、菌核病时施用菌核净,容易产生药害;种植花椰菜若用杀虫双防治小菜蛾、菜青虫,也容易发生药害;番茄苗期用菊酯类农药防治也易产生药害。②用药浓度过高,如蔬菜苗期用菌核净的浓度高于1 500倍液,就会产生药害。③用药不匀。④喷药时间不适当。有的农药在温度较高时使用,而且使用浓度又较高,则容易发生药害。素质较差的秧苗(植株)、徒长苗比正常的健壮苗更容易受害。

(3)防止措施　①选用适宜的药剂,适时用药。平时应尽量创造良好的环境,抑制病虫危害。一旦发生病虫害,应对症下药,并注意用药的时间。②控制药剂的浓度和用药量。同一种农药,其苗期的使用浓度应低于成株期,并根据秧苗的素质灵活掌握。一般徒长苗的使用浓度应较健壮苗低。特别需要注意对使用浓度有严格要求的农药,切不可认为提高浓度有利于控制病情。同时,需要控制用药量,一般以叶片上有药液下滴为度。③用药要均匀。④一旦发现用药浓度过高,必须立即喷清水,并通风排湿,避免发生更严重的危害。

## 8. 如何识别与防治使用烟熏剂所产生的药害?

(1)主要症状　烟熏剂是日光温室蔬菜栽培中防治病害的一种重要手段,但如果烟熏剂使用不当,则很容易产生药害。蔬菜受烟熏剂危害后,严重者在数小时内即可表现症状,开始出现部分叶片萎蔫并略下垂,而后逐渐变褐,受害部位逐渐干枯,形成不规则的白色坏死斑;坏死斑块边缘明显,稍凹陷。受害严重的叶片,其坏死斑扩大相连后导致整个叶片枯黄死亡,甚至整株枯死;受害轻的叶片并不表现明显的坏死症状,但部分叶片有硬化现象。硬化的叶片生长速度低于正常叶片,对整个植株的影响不大。

(2)发生原因　主要是由于烟熏剂发烟时产生的一氧化碳、二氧化硫、氯化氢、二氧化氮、氧化氮等有害气体量超过植株所能忍受的限度所致。所以,烟熏剂的种类、蔬菜种类及其生育时期、设施空间的大小及烟熏剂的布局、烟熏剂的用量、使用时间和使用时的温度、使用后的密闭时间等均影响到这种药害的产生及其严重程度。

(3)防治措施　①避免在小棚和中棚内使用烟熏剂,同时应避免在多层覆盖的日光温室内使用烟熏剂,因为在上述条件下使用烟熏剂时,药剂距秧苗或植株太近,容易对植株产生伤害。②确认所使用的烟熏剂最佳使用量,并正确计算烟熏剂的用量。③掌握使用时间及通风时间。严禁在高温下使用烟熏剂,一般应在傍晚使用。使用后 8～10 小时必须通风换气,排除日光温室内的有害气体。

## 9. 如何识别与防治番茄缺氮症?

(1)主要症状　植株矮小,茎细长,叶小,叶瘦长,淡绿色,叶片表现为脉间失绿,下部叶片先失绿并逐渐向上部扩展,严重时下部叶片全部黄化,茎梗发紫,花芽变黄而脱落,植株未老先衰,果实膨大早,坐果率低。特别是缺硝态氮时,叶片还会出现浅褐色小斑点。

(2)发生原因　①前茬施有机肥和氮肥少,在土壤中氮素含量低的情况下易发生。②施用作物秸秆或未腐熟的有机肥太多时容易发生。③沙土、砂壤土的阳离子代换量小,容易发生缺氮。

(3)诊断要点　①不但要看是否叶小、茎细,还应看叶是否黄化,如果叶呈红紫色,多是缺磷所致。②上部的茎细叶小,下部叶色深,多半与阴雨天有关。③在日光温室等保护地栽培条件下,出现明显缺乏氮素的情况不多,要注意下部叶的颜色变化情况,尽早诊断是否缺氮。④大量施用作物秸秆或未腐熟的有机肥会造成氮素短时期内过分缺乏。⑤下部叶的黄化仅限于叶脉间,叶脉、叶缘仍为绿色,多属缺镁的症状。⑥呈斑点状的黄化是由于受螨类为害,如果整株在中午出现萎蔫、黄化现象可能为土壤传染性病害(如黄萎病)所致,而不是缺氮症;病毒病危害,叶也发黄,应注意区别。

(4)防治措施　每 667 平方米每次追施尿素 7～8 千克或用人粪尿 600～700 千克对水浇施。也可进行叶面喷肥,每

667平方米用 0.5%～1% 尿素溶液 30～40 升,每隔 7～10 天喷 1 次,连续喷 2～3 次。在温度低时,施用硝态氮肥效果更好。

## 10. 如何识别与防治番茄缺磷症?

(1)主要症状  番茄缺磷初期茎细小,严重时叶片僵硬,并向后卷曲;叶正面呈蓝绿色,背面和叶脉呈紫色;老叶逐渐变黄,并产生不规则紫褐色枯斑。幼苗缺磷时,下部叶变绿紫色,并逐渐向上部叶扩展。番茄缺磷果实小,成熟晚,产量低。

(2)发生原因  ①土壤呈酸性,土壤紧实情况下易发生缺磷症。②低温会严重影响磷的吸收,因此温度低时植株会缺磷。早春或越冬栽培番茄往往容易引起缺磷。

(3)诊断要点  ①因为低温时容易缺磷,所以可根据症状发生时是低温还是高温来确定是否因为缺磷所致。②生育初期发生缺磷的可能性大,中后期可能是另外的原因。所以,根据生育阶段可诊断缺磷症。③有时药害也会引发类似症状。要查明在出现症状前是否喷施过农药,然后再做进一步的判断。④移栽时如果有伤根、断根的情况也容易出现缺磷症状。⑤病毒病危害,叶脉有时变红褐色,应注意区分。

(4)防治措施  番茄育苗时床土要施足磷肥,每 100 千克营养土加过磷酸钙 3～4 千克,在定植时每 667 平方米施用磷酸二铵 20～30 千克,腐熟厩肥 3 000～4 000 千克。对发生酸化的土壤,每 667 平方米施用石灰 30～40 千克,并结合整地均匀地把石灰耙入土壤耕层。定植后要保持地温不低于 15℃。

## 11. 如何识别与防治番茄缺钾症？

(1)主要症状　番茄缺钾则植株生长受阻,中部和上部的叶子叶缘发黄,以后向叶肉扩展,最后褐变、枯死,并扩展到其他部位的叶子;茎木质化,不再增粗;根系发育不良,较细弱;果实成熟不均匀,果形不规整,有棱角,果实中空,与正常果实相比变软,缺乏应有的酸度,果味变差。严重时下部叶枯死,大量落叶。

(2)发生原因　①土壤中钾含量低,特别是沙土或砂壤土往往易缺钾。②在生育盛期,果实发育需钾多,此时如果供钾不充足就容易发生缺钾症状。③当使用碱性肥料增多时,将影响植株对钾的吸收,也易发生缺钾。④日照不足,地温低时番茄对钾吸收减弱,就容易发生缺钾症。⑤含有钾的有机肥及钾肥施用的少,容易造成缺钾症状。

(3)诊断要点　①在果实膨大期易出现。②在番茄生育前期只有极度缺钾时才会发生缺钾症状。③由于毒气障害也会发生失绿的情况,因此要特别注意在日光温室等保护地栽培下发生的缺钾症状。④如果症状在叶的中部发生则属缺镁,如果症状部位在上部叶则缺铁或缺钙的可能性大。

(4)防治措施　番茄是需钾量较大的作物,在生产上应注意钾肥的施用。首先应多施有机肥,在化肥施用上,应保证钾肥的用量不低于氮肥用量的1/2。改变一次性施用钾肥的习惯,提倡分次施用,尤其是在沙质土地上。冬、春季栽培,日照不足、地温低时植株往往容易发生缺钾,要注意增施钾肥。日光温室等保护地栽培番茄最好选用硫酸钾、硝酸钾,尽量不用氯化钾。

## 12. 如何识别与防治番茄缺镁症？

(1)主要症状　番茄缺镁时,植株中下部叶片的叶脉间黄化,并逐渐向上部叶片发展;老叶只有主脉保持绿色,其他部分黄化,而小叶周围常有一窄条绿边。初期植株体形和叶片体积均正常,叶柄不弯曲。后期缺镁症状严重时,老叶死亡,全株黄化,果实无特别症状。因缺镁严重影响叶绿素的合成,从番茄的第二穗果开始,坐果率和果实的膨大均受影响,产量降低。

(2)发生原因　①低温影响根对镁的吸收。②土壤中镁含量虽然较多,但由于施钾过多将影响番茄对镁的吸收。③当植株对镁的需要量大而根不能满足需要时也会发生。

(3)诊断要点　①一般中下部叶片从主脉附近开始变黄出现失绿,在果实膨大盛期靠近果实的叶片先发生。②长期低温,光线不足也可能会出现黄化叶。③根据黄化在叶脉间的出现是否规则来确认。如果出现的黄斑不规则,则可能是叶霉病。④调查叶片的背面是否长霉,如已长霉则为叶霉病的可能性大。⑤如果黄化从叶缘开始,则缺钾的可能性大。

(4)防治措施　提高地温,在番茄果实膨大期使地温保持在15℃以上。多施用有机肥。土壤中镁不足时要补充镁肥。注意土壤中氮、钾的含量,避免一次施用过量而阻碍植株对镁的吸收。如果发现第一穗果附近的叶片出现缺镁症状,可用0.5%～1%硫酸镁溶液作叶面喷雾,隔3～5天再喷1次。

目前含镁肥料的施用不普遍。除随同钙镁磷肥(含氧化镁10%～15%)、钢渣磷肥(含氧化镁2.1%～10%)、脱氟磷肥、硅镁钾肥、石灰等施入部分镁外,含镁肥料可大致分为难溶性含镁物料如菱镁矿、白云石和水溶性镁肥如氯化镁、硫酸镁和硫酸钾镁等。菱镁矿、白云石等不溶的镁肥,以做基肥施用为宜。氯化镁、硫酸镁和硫酸钾镁等可做基肥,也可做追肥,一般每 667 平方米施用硫酸镁 10～15 千克,与土混匀。1%～2%的七水硫酸镁溶液还可用于叶面施肥。化学镁肥与农家肥配合施用往往好于单独施用,值得提倡。

## 13. 如何识别与防治番茄缺钙症?

(1)主要症状　番茄缺钙初期叶正面除叶缘为浅绿色外,其余部分均呈深绿色,叶背呈紫色。叶小、硬化、叶面皱褶。后期叶尖和叶缘枯萎,叶柄向后弯曲死亡,生长点亦坏死。这时老叶的小叶脉间失绿,并出现坏死斑点,叶片很快坏死。果实产生脐腐病,根系发育不良并呈褐色。在第一穗果附近出现的脐腐果比其他果实着色早。在生长后期发生缺钙时,茎叶健全,仅有脐腐果发生。

(2)发生原因　①土壤盐基含量低,酸化,土壤供钙不足,尤其是沙性较大的土壤易缺钙。②在盐渍化土壤上,虽然土壤含钙量较多,但因土壤可溶性盐类浓度高,番茄根系对钙的吸收受阻,会发生缺钙的生理障碍。③施用铵态氮肥过多时容易发生缺钙症。④土壤干燥时易出现缺钙症状。⑤当施用钾肥特别是连续冲施高钾复合肥过多时会出现缺钙症状。⑥空气湿度低,连续高温时容易发生缺钙症状。

(3)诊断要点　①仔细观察生长点附近的黄化情况,如果叶脉不黄化,呈花叶,则病毒感染的可能性大。②症状似缺钙但叶柄部分有木栓状龟裂,缺硼的可能性大。③仔细观察脐腐果,如果发病部位与正常部位的交界处不清晰,变成"轮纹状",可能是病害所致。④根据果脐是否生霉菌来确认,如果有霉菌则可能是灰霉病。

（4）防治措施　①多施有机肥，使钙处于容易被吸收的状态。②进行土壤诊断，若是缺钙，就要充足供应钙肥。③如果土壤出现酸化现象，应施用一定量的石灰，避免一次性大量施用铵态氮化肥。④实行深耕，多浇水。⑤如果在土壤水分状况较好的情况下出现缺钙症状，应及时用 0.1%～0.3% 的氯化钙或硝酸钙溶液作叶面喷雾，每 3～5 天喷 1 次，连喷 2～3 次。⑥含钙的肥料种类较多，如普通过磷酸钙、重过磷酸钙、钙镁磷肥和钢渣磷肥，既是磷肥，又是含钙的肥料。这些肥料在生产中可作基肥施用。⑦生产中作叶面喷施最好的钙肥是硝酸钙。它是一种水溶性钙肥，因工艺不同，硝酸钙常有两种产品：一种是四水硝酸钙 $[Ca(NO_3)_2 \cdot 4H_2O]$，含氮 11.8%，含钙 16.9%；另一种是十水硝酸钙 $[5Ca(NO_3)_2 \cdot NH_4NO_3 \cdot 10H_2O]$，含氮 15.5%，含钙 19%。在番茄等蔬菜上喷施硝酸钙对减轻缺钙症状，对增产增收效果十分明显。

## 14. 如何识别与防治番茄缺硫症？

（1）主要症状　整个植株生长基本无异常，只是中、上部叶片的颜色比下部的颜色淡，严重时中、上部叶变成淡黄色，叶片上出现不规则的坏死斑。由于硫在植株体内移动性差，因此缺硫症状往往发生在上部叶片。缺硫的植株下部叶在一般情况下生长是正常的。

（2）发生原因　在日光温室、大棚栽培时，长期连续用无硫酸根高浓缩复合肥料时易发生。

（3）诊断要点　①与氮素缺乏症相类似。不过缺氮是从下部叶开始的，而缺硫是从上部叶开始的，植株幼嫩部位的症状表现更为明显，两者有区别。②未见叶卷缩、叶缘枯死、植株矮小等症状。③叶脉与叶肉的颜色未见明显差异。④叶黄化而叶脉仍绿则有缺铁的可能。⑤在黄化叶上如有花叶病的症状时,则有病毒病的可能,要仔细确认。⑥缺硫多发生在生长中后期。

(4)防治措施　施用硫酸铵、过磷酸钙等含硫肥料。常用的硫肥有元素硫、石膏、硫酸铵、硫酸钾、过磷酸钙等。凡耕层土壤有机质含量较低,或缺钾的土壤,或长期不施含硫化肥的土壤,都有可能潜在缺硫,在高产栽培特别是日光温室栽培中应注意氮、磷、钾、硫配合施用。比较现实的施硫方法是在缺硫土壤上施用普钙或磷石膏(磷酸铵厂的副产品)。磷石膏的用量,每667平方米可用10～20千克做基肥。在不易找到磷石膏的情况下,也可以施用硫黄。硫黄入土后易氧化,形成作物可以吸收利用的硫酸根。

### 15. 如何识别与防治番茄缺硅症?

(1)主要症状　番茄开花期生长点停止生长。新叶出现畸形小叶,叶片褪绿黄化,下部叶出现坏死部分并向上部叶片发展,坏死区扩大,叶脉仍保持绿色而叶肉变褐,下部叶片枯死,花药退化,花粉败育,开花而不受孕。

(2)发生原因　土壤中有效硅的含量低。土壤有效硅是指土壤中可以被水溶解的有效性二氧化硅。土壤有效硅的含量的多少,除取决于母质类型和土壤本身含量状态外,还与土壤氢离子浓度、黏粒含量和水分状况有关。

(3)防治措施　增施硅肥。硅肥是一种以含硅酸钙为主的枸溶性矿物质肥料,被称为第四大元素肥料。目前,我国硅肥的生产量还很少,主要的品种也仅仅局限于硅酸钙,该肥的外观呈现为浅灰色粉末,含二氧化硅25%左右,氧化钙的含量在35%左右。此外,还含有少量的五氧化二磷、氧化钾、氧化镁、硫酸锌、氧化铁等物质。硅肥的使用主要有以下两种方法：①硅肥最适宜用做基肥。它可以单独施用，也可以与有机肥混合后施用。施用时要力求撒匀，通常可结合耕地施入。②硅肥也可用做追肥，但要注意早施、深施。追施可采用穴施或开沟施用等方法，而且施后要覆土浇水。施用硅肥时应注意以下三点：一是硅肥不宜做种肥；二是硅肥不能代替氮、钾肥；三是应实行氮、磷、钾、硅肥及其他有机肥料的配合施用。

## 16. 如何识别与防治番茄缺硼症？

(1)主要症状　幼苗顶部的第一花序或第二花序上出现封顶、萎缩和停止生长。大田植株是从同节位的叶片开始发病的，其前端急剧变细，停止伸长。小叶失绿呈黄色或枯黄色。叶片细小，向内卷曲，畸形。叶柄上形成不定芽，茎、叶柄和小叶叶柄很脆弱，易使叶片突然脱落。茎内侧木栓化，果实表皮木栓化，且具有褐色侵蚀斑。根的生长不良，并呈褐色。果实畸形。

(2)发生原因　①土壤酸化，硼素被淋失掉，或施用过量石灰均易引起缺硼。②土壤干燥，有机肥施用少时，容易发生缺硼。③施用钾肥过量时也容易缺硼。

(3)诊断要点　①根据症状出现在上部叶还是下部叶来确认。发生在下部叶不属此症(但有时初期缺，后期经过补充已经不缺了，下部叶仍有缺硼的症状)。②缺钙也表现为生长点附近发生萎缩，但缺硼的特征是茎的内侧木栓化。③害虫(蚜虫等)为害也可造成新叶畸形，因此一旦出现症状时要仔细观察有无害虫为害。④番茄病毒病也表现顶端缩叶和停止生长，应注意二者之间的区别。⑤番茄在摘心的情况下，也能造成同化物质输送不良,并产生不定芽,应注意区分。

(4)防治措施 增施有机肥,提高土壤肥力。但应注意不要过多地施用石灰性肥料和钾肥,要及时浇水,防止土壤干燥,预防土壤缺硼。在沙土上建造的日光温室等保护地,应注意施用硼肥,每667平方米施用硼砂0.5~1.0千克,与有机肥充分混合后再施用。发现番茄缺硼症状时,可用0.12%~1.25%硼砂或硼酸溶液作叶面喷雾,隔5~7天喷1次,连续喷2~3次。

常用的硼肥是硼砂和硼酸。硼酸($H_3BO_3$)含硼17.5%,硼砂($Na_2B_4O_7 \cdot 10H_2O$)含硼17.5%,均为白色结晶或粉末,可溶于水,宜用做基肥、种肥和叶面喷肥。土壤有效硼含量小于0.2毫克/千克的严重缺硼土壤,宜用硼肥做基肥,每667平方米施硼砂0.5千克。土壤有效硼含量为0.2~0.5毫克/千克的土壤,用硼肥做基肥或追肥均可。土壤有效硼含量为0.5~0.8毫克/千克的土壤宜采用叶面喷施的办法补充硼,一般浓度宜控制在0.12%~1.25%。

## 17. 如何识别与防治番茄缺铁症?

(1)主要症状 番茄缺铁新叶除叶脉外均黄化,在腋芽上也长出叶脉间黄化的叶。由于铁在植株体内的移动性小,所以下部叶发生的少,往往发生在新叶上。

(2)发生原因 ①土壤含磷多、pH很高时易发生缺铁。②如果磷肥用量太多,将影响番茄对铁的吸收,也容易发生缺铁。③当土壤过干、过湿、低温时,根的活力受到影响也会发生缺铁。④铜、锰太多时容易与铁产生拮抗作用,从而出现缺铁症状。

(3)诊断要点 ①根据叶脉绿色的深浅判断,若为深绿则有缺锰的可能性;如为浅色或叶色发白、褪色则为缺铁,可根据以上病症进行确认。②测定土壤 pH,如果 pH 高则缺铁的可能性大。③由于其他原因使根功能下降时,也会有类似缺铁症状出现,如冬、春季节突然降温,地温下降,番茄根毛受损,根系吸收能力下降等原因。④因受病虫危害发生类似症状的情况并不多见。

(4)防治措施  ①当 pH 达到 6.5～6.7 时,要禁止使用碱性肥料而改用生理酸性肥料。当土壤中磷过多时,可采用深耕、客土等方法降低磷的含量。注意土壤水分管理,防止土壤过干、过湿。②如果缺铁症状已经出现,可用浓度为0.05%～0.1%硫酸亚铁溶液或100毫克/千克柠檬酸铁溶液对番茄喷施,每5～7天喷1次,连喷2～3次。

## 18. 如何识别与防治番茄缺锌症?

(1)主要症状  ①从中部叶开始褪色,与健康叶比较,叶脉清晰可见。②随着叶脉间逐渐褪色,叶缘从黄化变成褐色。③因叶缘枯死,叶片稍微向外侧卷曲。④生长点附近的节间缩短。

(2)发生原因  ①光照过强易发生缺锌,如越夏或秋延迟栽培番茄在未覆盖遮阳网的情况下往往很容易发生缺锌症状。②土壤中含磷量过高,造成植株吸收磷过多,植株即使吸收了锌,也表现缺锌症状。③土壤 pH 高,即使土壤中有足够的锌,但不溶解,也不能被番茄所吸收利用。

(3)诊断要点  ①缺锌症与缺钾症类似,叶片黄化。缺钾是叶缘先呈黄化,渐渐向内发展;而缺锌则全叶黄化,由内渐渐向叶缘发展。二者的区别是黄化的先后顺序不同。②缺锌症状严重时,生长点附近节间短缩。

(4)防治措施 ①不要过量施用磷肥。如磷酸施得过多，将抑制锌的吸收，易发生锌缺乏症。②锌肥勿与磷肥混合施用。由于锌、磷之间存在严重的拮抗作用，如将硫酸锌与过磷酸钙混合施用，在很大程度上可抑制硫酸锌的肥效，使其有效性下降。正确的施用方法是：锌肥与磷肥应分开施，用磷肥做基肥，锌肥做苗肥，或锌肥做基肥，磷肥做苗肥，这样能提高磷、锌肥的肥效。③缺锌时，每 667 平方米施用硫酸锌 1.5 千克。④应急对策：用 0.1%～0.2%硫酸锌溶液喷洒叶面。

## 19. 如何识别与防治番茄缺铜症？

(1)主要症状 节间变短，全株呈丛生枝。初期幼叶变小，老叶脉间失绿，严重时，叶片呈褐色，叶片枯萎，幼叶失绿。铜与叶绿素 A 及抗坏血酸(维生素 C)有密切关系，从而影响植物的抗病性，缺铜易感染白粉病、根腐病、茎基腐病等病害。

(2)发生原因 碱性土壤易缺铜。土壤中铜的有效性与土壤酸碱度有关，酸性土壤中铜的有效性较大。

(3)诊断要点 ①根据发生症状的叶片的部位来确定，缺铜时症状多发生在上部(幼)叶。②检测土壤 pH。出现上述症状的植株根际土壤呈碱性，则极有可能是缺铜。③是否出现幼叶萎蔫现象。若萎蔫则为缺铜，否则应考虑查找其他原因。

(4)防治措施 ①增施酸性肥料。②将难溶性铜肥和含铜矿渣与有机肥料混合，做基肥施用。③应急对策：可用0.3%硫酸铜溶液作叶面喷雾。最好在溶液中加入少量熟石灰，以避免产生肥害。

## 20. 如何识别与防治番茄缺锰症？

(1)主要症状　番茄植株幼叶叶脉间失绿，呈浅黄色斑纹（凸起），严重时叶片均呈黄白色，同时植株蔓变短、细弱，花芽常呈黄色。

(2)发生原因　①碱性土壤容易缺锰，应检测土壤 pH，如出现症状的植株根际土壤呈碱性，有可能是缺锰所致。②土壤有机质含量低。③土壤盐类浓度过高。如肥料一次性施用过多，土壤盐类浓度过高时，将影响番茄对锰的吸收。④土壤通气不良，含水量过高时，也容易缺锰。

(3)诊断要点　①根据从发生症状的叶片的部位来确定，缺锰时症状首先发生在幼叶上。②看顶芽是否易枯死，如果易枯死，有可能是缺钙或缺硼。③再看幼叶是否萎蔫，如果幼叶萎蔫，有可能是缺铜。④幼叶不萎蔫，脉间失绿，叶脉仍绿，出现凸起的细小棕色斑点，则为缺锰。

(4)防治措施　①增施有机肥。②科学施用化肥，宜注意全面混施或分施，勿使肥料在土壤中呈高浓度。如发生症状，其应急对策，可用 0.2%硫酸锰溶液喷洒。③常用的锰肥有硫酸锰、氯化锰等。硫酸锰含锰 26% ~ 28%，氯化锰含锰27%，两者都是粉红色结晶，易溶于水，其溶液也呈粉红色。硫酸锰和氯化锰均可做基肥、追肥或叶面喷肥施用。水溶性锰在碱性土壤中容易转化成难溶性锰而使肥效降低，所以用作叶面喷肥的效果明显高于土施。喷施硫酸锰的浓度一般为0.2%左右，做基肥时每 667 平方米用量为 1 ~ 4 千克。可用缓效性锰肥如硅酸锰（含锰 10% ~ 25%）、氧化锰（含锰41% ~68%）、二氧化锰（含锰 63%）等做基肥，用量可视其锰含量确定增减。

## 21. 如何识别与防治番茄缺钼症？

(1)主要症状　番茄植株生长势差,幼叶褪绿,叶缘和叶脉间的叶肉呈黄色斑状,叶缘向内部卷曲,叶尖萎缩,常造成植株开花不结果。

(2)发生原因　酸性土壤或连作严重的土壤易缺钼。土壤中钼的有效性随土壤 pH 下降而降低,酸性土壤对钼的吸附固定能力很强,还可以造成铁、铝等的铝酸盐沉淀,使土壤有效钼含量减小,这与酸性土壤中磷的固定相似。如长期大量施用生理酸性肥料,会导致土壤尤其是根际土壤酸化,使土壤中钼的有效性降低,也能诱发缺钼。此外,土壤过多地施用铵态氮肥和含硫肥料,也可能诱发缺钼。

(3)诊断要点　①根据发生症状的叶片的部位来确定,缺钼时症状多发生在上部叶。②检测土壤 pH。出现上述症状的植株根际土壤呈酸性,则有可能是缺钼。③看是否出现"花而不实"现象,如果出现"花而不实"现象,必然是缺钼所致。

(4)防治措施　①改良土壤,防止土壤酸化。②平衡施肥,防止过多地施用铵态氮肥和含硫肥料。③应急对策是每 667 平方米喷施 0.05%～0.1%钼酸铵溶液 50～60 升,分别在苗期与开花期各喷 1～2 次。

## 22. 如何识别与防治番茄氮素过剩症？

(1)主要症状　番茄氮素过剩时,植株长势过旺,叶片又黑又大,植株呈倒三角形,节间长,茎上出现褐色斑点。下部叶有明显的卷叶现象,叶脉间有部分黄化。果实发育不正常,常有蒂腐病果发生。氮过剩会抑制钾、钙、镁等微量元素的吸收,破坏番茄体内的养分均衡。在成熟复叶的小叶片上表现为小叶中脉隆起,小叶片呈反转的船底形。此外,氮过多,将使亚硝酸存留在土壤中,因而发生亚硝酸危害,使番茄根部变褐色,生理机能衰退,抑制新芽生长。

(2)发生原因　施用铵态氮过多,同时又遇到低温或土壤经过消毒处理等情况,由于硝化细菌和亚硝化细菌的活动受到抑制,使铵态氮积累于土壤中,引起铵态氮过剩。

(3)诊断要点　①调查氮肥用量是否恰当。②虽然氮肥施用量合适,但当土壤含水量多、夜温高时也会出现长势过旺的情况。要注意区别。

(4)防治措施　严格控制施氮量,掌握适宜的施肥时期和方法,选择适宜的肥料形态。在低温条件下,土壤微生物活动弱,如大量施用氮肥容易发生危害,要严格控制施氮量。在日光温室等保护地密闭的环境条件下,施用铵态氮肥和酰胺态的尿素要深施到 5~10 厘米的土层中。在低温、土壤消毒后、土壤偏酸或偏碱、通气不良等条件下,最好选用硝态氮肥,不宜用铵态氮肥。在施用氮肥时要注意补充钙、钾肥料,防止由于离子间的拮抗而产生钙、钾缺乏症。当蒂腐果较多时要加大灌水量。

## 23. 如何识别与防治番茄钾素过剩症?

(1)主要症状　①叶色异常的深,叶缘上卷。②叶的中央脉突起,叶片高低不平。③叶脉间有部分失绿。④叶全部轻度硬化。

(2)发生原因　①钾素过剩症在露地栽培发生少,在日光温室等设施栽培下多有发生。②连年大量施用家畜粪尿易发生钾素过剩症。③施用钾肥多时(如大量冲施高钾复合肥)也易发生钾素过剩症。

(3)诊断要点　①叶色异常墨绿,有光泽,可能由于钾过剩造成。②叶脉间的黄化发展到中、上部叶时,多因为缺镁所致。③调查叶面高低不平是多集中在下部叶还是在上部叶,若出现在上部叶,并有花叶状斑纹,则是由黄瓜花叶病毒病引起。④有条件的,可通过测定土壤含钾量进行判断。⑤通过了解堆肥用量多少可以帮助确定。如果堆肥用量多,往往会造成钾的积累。

(4)防治措施　番茄发生钾素过剩症状时,要增加灌水,以降低土壤钾离子的浓度。农家肥施用量较大时,要注意减少钾肥的施用量。

## 24. 如何识别与防治番茄硼素过剩症?

(1)主要症状　番茄植株在硼过多时,叶片初期和正常叶一样,以后顶部叶片卷曲,老叶和小叶的叶脉灼伤卷缩,后期下陷干燥,斑点发展,有时形成褐色同心圆。卷曲的小叶变干呈纸状,最后脱落。其症状逐渐从老叶向幼叶发展。

(2)发生原因　硼肥施用量过大,或用含有硼的污水灌溉。

(3)防治措施　①严格控制硼肥施用量。用硼肥做基肥,每667平方米适宜用量为0.3~0.5千克,施用时应避免与种子直接接触。一般2~4年施用1次。②避免用含硼量高的污水灌溉。③在土壤水溶性硼含量过高时,施用石灰以减轻硼的危害。④加大灌水量加速硼素流失。

## 25. 如何识别与防治番茄锰素过剩症?

(1)主要症状　番茄植株锰过剩时,初期稍有徒长现象,以后生长受抑制,顶部叶片细小,小叶叶脉间组织失绿;下部叶的叶脉变黑褐色,叶脉间发生黑褐色的小斑点,后期中肋及叶脉死亡,下部叶首先脱落。上部叶与缺铁症状一样。

(2)发生原因　①土壤酸化、黏重、灌水过多和土壤通气不良。②过量施用未腐熟的有机肥时,容易使锰的有效性增大,发生锰中毒。③定植前进行高温处理的土壤,容易发生锰过剩。

(3)防治措施　①酸性土壤出现锰中毒时,可用石灰进行改良。②对土壤黏重的用掺砂的办法改良。③注意控制灌水量,防止过量施用化肥和未腐熟的有机肥。

## 26. 如何识别与防治番茄锌素过剩症?

(1)主要症状　番茄植株含锌过多时生长矮小,幼叶极小,叶脉失绿,叶背变紫。老叶则严重地向下弯曲,以后叶片变黄脱落。

(2)发生原因　土壤中一次性施用锌肥过多,或土壤过度酸化。

(3)防治措施　锌过剩时,应调节土壤的酸碱度,土壤为酸性时易产生锌过剩。创造适合于番茄生长的土壤酸碱度尤为重要。如果锌素过剩症状出现后,每667平方米可用石灰50千克配成石灰乳状态,将其灌入畦的中央。另外,适当增加磷肥的施用量,可抑制锌的吸收。

## 27. 番茄嫩茎穿孔是怎么回事? 如何防治?

(1)主要症状　嫩茎受害初始为针刺状小孔,茎部逐渐由圆形变为扁圆状,继而由针孔处开裂并不断变大,最后形成蚕豆粒大小的穿孔状,下部茎与上部生长点仅靠两边表皮的极少部分组织相连。植株受害后,开始生长点部位生长缓慢,开花延迟,重者植株上部变黄发干而死亡,形成秃顶植株。

(2)发生原因　主要是由于植株缺钙和硼,或因环境条件不良使植株在生育盛期对钙和硼的吸收受阻而引起体内元素失衡而造成的。此外,在日光温室栽培期间遇有连续 3~5 天的阴雨、低温天气与骤晴天交替进行时也易发生。

(3)防治措施　①增施有机肥和钙、硼肥。定植前应多施腐熟有机肥,其中以鸡粪为较好。②每 667 平方米随整地施入硅钙肥 60 千克,硼砂 1~1.5 千克,可有效补充营养并预防发病。③采用高畦或高垄栽培。④注意加强保温管理,严寒时期晚揭早盖草苫,使最低气温不低于 10℃,地温不低于14℃。⑤对于已发病植株,及早用 0.2%~0.3%的氯化钙或硝酸钙溶液喷雾,重点喷中、上部茎叶,每 7~10 天喷 1 次,共喷 2~3 次,可有效地控制嫩茎穿孔病的加重和扩展。

## 28. 番茄缓苗慢、茎基部过早长出气
### 生根是什么原因?如何防治?

(1)主要症状　定植缓苗慢,下部叶黄化,严重时叶柄也黄化,叶片脱落。在茎的基部过早的长出气生根。根系发黄,不能下扎,并向两侧伸展。

(2)发生原因　使用未腐熟的鸡粪,土壤板结、黏重、通气不良,灌水量过大。

(3)防治措施　施用腐熟的鸡粪;避免在黏重的土壤上建造日光温室或大棚;及时采取掺砂等土壤改良措施。

## 29. 番茄果实落花部位出现坏死、变黑和
### 腐烂是什么原因?如何防治?

(1)主要症状　当幼果如乒乓球大小至鸡蛋大小时,果实

脐部先形成暗绿色水渍状斑,后逐渐变成黑色。严重时,病斑扩展至半个果面,果肉组织干腐,向内凹陷,因腐生菌寄生而形成黑色霉状物。接近成熟期的青果易发生此现象,幼果发病后,果实增大而病斑不增大,受害果实提早变色成熟,脐腐果的发生处于果实绿熟阶段。脐腐病的发生部位并不仅仅局限在脐部,有时也在脐部外侧发生。

(2)发生原因 产生这种生理病害的主要原因是土壤干旱,植株果实部位缺钙。因为钙在植物体内是不容易移动的,土壤干旱时根不能从土壤中吸收钙,或因土壤中氮含量多,营养生长旺盛,果实不能及时得到钙。高温干旱时,该病发生多。

(3)防治措施 ①对缺钙的土壤,每667平方米用硅钙肥或碳酸钙50～100千克,均匀撒施地面并翻入耕层中。②避免过多施用氮肥,特别是速效氮肥不要一次施用过量。③适时灌水,防止土壤时干时湿,特别不要使土壤过分干旱。④在番茄坐果期,每隔10～15天对叶片喷1次1%过磷酸钙或0.5%氯化钙溶液,注意要喷到果穗及上部叶。

## 30. 番茄发生畸形果是什么原因？如何防治？

(1)主要症状 番茄畸形果主要发生在第一果穗,也有少数发生在第二果穗的。主要形成各种奇形怪状的多心皮果实。常见的畸形果形状有扁圆、尖顶、多棱、椭圆等形状。

(2)发生原因 除和品种的特性、播期过早有关系外,低温、营养不良和激素处理不当,也是畸形果发生的主要原因。花芽分化不正常,形成多心室的子房是导致畸形果出现的根本原因。冬季和早春育苗时,如果从花芽分化开始,连续7天左右遇到低于8℃的夜温和低于20℃的昼温,则第一个花序的第一个果会发生畸形;如果直至第七片真叶展开,一直处于不良环境,则前3穗果都会发生畸形。氮肥过多,根冠比例失调,定植时幼苗质量不够壮苗标准,营养物质形成少,遇低温,日照不足,使花器及果实不能充分发育。低温,偏氮肥,水肥、光照不足,养分过剩,使生殖生长过旺,也能发生畸形果。目前,在日光温室等保护地番茄生产上,常采用2,4-D、番茄灵、防落素等激素蘸花,防止番茄落花、落果,提高坐果率。根据笔者实地观察,生长激素的使用浓度与畸形果率有一定的关系。使用激素时,如气温高、使用浓度低,不仅不影响果实形状,而且可提高坐果率;如气温高,使用浓度又高,尽管坐果率有所提高,但畸形果率也提高,使番茄果实生产损失严重。

(3)防治措施 ①选择对低温不敏感、商品性好的高产品种。②育苗期白天温度应保持在20℃,夜间温度应控制在10℃左右,使植株花芽分化、生长发育正常。③加强管理,适当控制肥水,营养要素配合要适当,防止偏施氮肥。④适期播种、定植,为植株生长发育创造稳定的良好环境。⑤采用2,4-D、防落素、番茄灵等激素蘸花,要注意蘸花的时间、温度,并掌握好使用浓度。

## 31. 番茄果实成熟时不呈红色
## 而呈黄褐色是什么原因? 如何防治?

(1)主要症状 果实成熟时呈黄褐色或茶褐色,表面发乌,光泽度差,商品性明显降低。

(2)发生原因 番茄着色是由于叶绿素分解形成茄红素的缘故。光照不足只能使果实着色缓慢,而不是着色不好。如果氮肥过多,叶绿素就会增多,分解形成茄红素的过程就会推迟,使果实着色不好。但在氮、钾肥少时,叶绿素分解形成茄红素的过程也会受到影响,使果实着色不良。温度也是影响着色不良的原因,高温还会导致着色不良,形成黄色果实。

(3)防治措施　在合理施用氮、锌肥的同时,要保持室内适宜的温度。一般在果实膨大前期夜间温度不能低于5℃;果实膨大的后期是着色期,气温必须在25℃左右。低温期栽培,在适当提高温度的同时,要及时摘除老叶,以增强采光。

## 32. 如何防治番茄氨气危害?

(1)主要症状　一般先在中部叶出现水浸状斑点,接着变成黄褐色,最后枯死,叶缘部分尤为明显。高浓度的氨气还会使蔬菜叶肉组织崩坏,叶绿素分解,叶脉间出现点块状褐黑色伤斑,与正常组织间界线较为分明,严重时叶片下垂,甚至全株死亡。

(2)发生原因　多发生在气温较低、每天放风时间很短的寒冷季节。在有机肥分解及铵态氮肥直接挥发或遇碱挥发时产生。土壤呈碱性,也容易发生。番茄对氨气浓度比较敏感。当棚内氨气浓度达到5毫克/升时,植株即可受害。

(3)诊断要点　一般温室薄膜上氨气形成的露滴呈碱性,亚硝酸气形成的露滴呈酸性。可通过检测温室膜露滴的 pH 来诊断氨气危害。对露滴 pH 的检测通常在早晨换气之前取样进行,检测方法可用精密 pH 试纸。根据露滴的 pH 检测结果判断气体的种类及伤害的程度。

(4)防治措施　土壤中氨气逸出主要是由于土壤中过量氮的积累。因此,选用缓释性肥料和有机肥时,控制肥料用量是防治氨气的关键。土壤酸碱度直接影响到氨气的逸出,对碱性土应施用酸性肥料,以减少氨气的危害。一旦遭受气体危害,应及时通风换气,灌水淋洗,驱除积累的有害气体。当发生氨害时,可在叶背面喷1%食醋溶液,能明显减轻危害。

## 33. 如何防治番茄亚硝酸气危害?

(1)主要症状　中部叶表现最剧烈,其症状为叶缘或脉间出现水浸状斑点,迅速失绿呈黄褐色或黄白色,与其周围健全组织界线清楚,严重时全叶除叶脉外均失绿,呈黄褐色或黄白色枯斑,甚至全叶枯死。

(2)发生原因　主要发生在酸化或盐渍化的土壤上。大量施用未经充分腐熟的畜禽粪或化肥后,在土壤由碱性变为酸性的情况下,硝化细菌活动受到抑制,低于亚硝化细菌的活性。如果土壤中留有相当数量的铵态氮($> 50$ 毫克/千克),则不断生成亚硝酸,分解产生一氧化氮气体,后者在空气中氧化成亚硝酸气体而产生气害。棚室内亚硝酸气浓度达到 2 毫克/升时便产生危害。

(3)诊断要点　一般温室薄膜内亚硝酸气形成的露滴呈酸性,氨气形成的露滴呈碱性。因此,可以通过检测温室薄膜露滴的 pH 来诊断亚硝酸气的危害。对露滴 pH 的检测通常在早晨换气之前取样进行,检测方法可用精密 pH 试纸。根据露滴 pH 的检测结果判断气体的种类及伤害的程度。

(4)防治措施　①土壤酸碱度直接影响到亚硝酸气的逸出,对酸性土应施用石灰和有机肥,以减少亚硝酸气的危害。②一旦遭受气体危害,应及时通风换气,灌水淋洗,驱除积累的有害气体。还可以施用硝化抑制剂,以阻止亚硝酸气体的产生。

## 34. 番茄空洞果发生的原因和防治措施是什么?

(1)主要症状　胎座组织生长不充实,果皮部与胎座种子胶囊部分间隙过大,使种子腔成为空洞。番茄果实外表有棱角,横断面呈多角形。

(2)发生原因　①种植的品种的心室数目少。心室数目少的品种易发生番茄空洞果,一般早熟品种心室数目少,中、晚熟的大果型品种心室数目多。②受精不良。如花粉形成时遇到35℃的高温,且持续时间较长,易导致授粉受精不良,果实发育中果肉组织的细胞分裂和种子成熟加快,与果实生长不协调,也会形成空洞果。③激素使用不当。用激素蘸花时用药浓度过大、重复蘸花或蘸花时花蕾幼小均易产生空洞果。④光照不足。由于光合产物减少,向果实内运送的养分供不应求,造成生长不协调,易形成空洞果。⑤疏于管理。盛果期和生长后期肥水不足,营养跟不上,碳水化合物积累少,会出现空洞果。⑥同一花序中延迟开花形成的果实,由于营养物质供不上,易形成空洞果。

(3)防治措施　①选用心室多的品种。②合理使用激素。每个花序有2/3花朵开放时(必须是开成喇叭口状的花)喷施激素,防落素浓度为15～25毫克/千克,或番茄灵蘸花浓度为25～40毫克/千克,不要重复使用,在高温季节应相应地降低浓度。蘸花时,必须是开成喇叭口状的花,而且浓度要适宜,防止用量过多和重复蘸花。③施足基肥。采用配方施肥技术,合理分配氮、磷、钾,调节好根冠比,使植株营养生长与生殖生长协调平衡发展。在结果盛期,及时施足肥、浇足水,以满足番茄营养需要。如有早衰现象,要及时进行叶面喷肥。④合理调控光照和温度,创造适宜果实发育的良好环境条件。苗期和结果期温度不宜过高,特别是苗期要防止夜温过高、光照不足,开花期要避免35℃以上的高温对授粉的危害。⑤防止用小苗龄的幼苗定植。小苗定植,根旺,吸收力强,氮素营养过剩,也易形成空洞果。⑥适时摘心。摘心时间要适宜,不宜过早,使植株营养生长和生殖生长协调发展。

## 35. 如何识别和防治番茄2,4-D中毒症?

(1)主要症状 番茄叶片向下弯曲,僵硬细长,小叶不能展开,纵向皱缩,叶缘扭曲畸形,似病毒病或茶黄螨危害症状;果实畸形(前端出现乳头状的尖)和裂果。

(2)发生原因 使用植物生长激素时浓度过高或进行浸花、喷花等处理方法不当时,容易发生番茄2,4-D中毒症,心室较多的番茄品种发病较重。

(3)防治措施 严格掌握使用2,4-D的使用浓度和使用方法,不能喷施,只能按规定浓度蘸花。气温为15℃~20℃时,使用浓度为10~15毫克/千克,气温升高后,使用浓度降低至6~8毫克/千克即可;适时蘸花。气温低,花少,每隔2~3天蘸1次,盛花期每天蘸1次。蘸花时应避开中午高温时间,防止直接将2,4-D蘸到嫩枝或嫩叶上;对不耐蘸花的品种可涂抹花梗或花冠;用醒目的广告色掺入药液中做标记,防止重复处理。避免一次用药量过大,否则会产生药害;早熟品种对2,4-D敏感,浓度宜低或换用其他药剂。

## 36. 番茄萼片周围的果面呈绿色是什么原因? 如防防治?

(1)主要症状 这是缺钾造成的一种生理病害,俗称"绿背病"或"绿肩果"。下部叶片出现黄褐色斑,症状从叶尖和叶尖附近开始,叶色加深,灰绿色,少光泽。小叶呈灼烧状,叶缘卷曲。老叶易脱落。果实发育缓慢,成熟不齐,着色不匀,果蒂附近转色慢,间呈绿色斑驳。

(2)发生原因　番茄果实局部番茄红素形成受到抑制所致,在偏施氮肥、番茄植株生长过旺的情况下容易发生,尤其在氮肥多、钾肥少、缺硼、土壤干燥时发病最为严重。

(3)防治措施　每 667 平方米施钾肥 10~20 千克,分次施用;叶面喷施 0.3%~0.5%硝酸钾或硫酸钾溶液;增施有机肥料;合理轮作;土壤过分干旱时,要适当浇水。

## 37. 番茄果实向阳面出现大块褪绿变白的病斑是什么原因？如何防治？

(1)主要症状　田间多见日灼病发生于果实上,形成日烧果。多在绿果膨大期出现日灼。果实的向阳面出现大块褪绿变白的病斑,与周围健全组织界线比较明显,病斑部后期变干、革质状、变薄、组织坏死。有时叶片也可出现日灼,初期叶部分褪绿,以后变成漂白状,最后变黄枯死。

(2)发生原因　果实受阳光直射部分温度过高而被灼伤。

(3)防治措施　注意合理密植,适时、适度整枝打杈,使茎叶相互掩蔽,果实不受阳光直射。注意作物行向,一般南北行向日灼病发病较轻。日光温室温度过高时,要及时通风,促使叶面、果面温度下降,或及时灌水,降低植株体温。阳光过强时,可隔畦覆盖帘子或覆盖遮阳网。喷施 85%比久可溶性水剂 2 000~3 000 毫克/升,或 0.1%硫酸锌或者硫酸铜,以增强番茄抗日灼能力。

## 38. 番茄出现"豆果"是什么原因？如何防治？

(1)主要症状　"豆果"也称"僵果"。果实坐住后,基本不发育,小如豆粒,大如拇指,成为僵化无籽的老小果实。

(2)发生原因　主要是温度过高或过低,授粉受精不良,光照不足,果实膨大所需的养分供应不上,或是许多外界条件和内在因素使果实不能吸收和利用养分而出现的症状。

(3)防治措施 进行人工辅助授粉;用番茄灵蘸花。严冬在温室栽培番茄,果实生长后期易产生僵果,特别是长期阴雪天气,光照弱,夜温高,白天叶片制造的养分少,而夜间消耗又大,也易形成僵果。遇到这种情况,可在夜间补充光照,将夜温降至7℃～10℃,维持最低生长温度,减少养分消耗,使僵果减少。

## 39. 越夏番茄易出现"芽枯"
## 的原因是什么? 如何防治?

(1)主要症状 这种生理病主要危害花序。被害植株初期引起幼芽枯死,被害部位长出皮层包被,在发生芽枯处形成一线性或"Y"字形缝隙,有时边缘不整齐。

(2)发生原因 一是越夏茬番茄在夏末秋初由于中午通风不良,造成温室内35℃～40℃以上的高温;二是氮肥施用量过多;三是在多肥的条件下,高温干燥影响植株对硼肥的吸收,造成植株缺硼。

(3)防治措施 首先,实行配方施肥技术,并适当增加硼、锌等微肥的施用;其次,番茄定植后要加强通风,防止35℃以上的高温,有条件的可用遮阳网覆盖塑料薄膜;其三,定植后要适当蹲苗,控制第一穗果膨大前的肥水供应,保证第一穗果正常坐果;其四,在病害易发生的月份,应用0.1%～0.2%硼砂溶液对植株进行叶面喷洒,每隔7～10天喷1次,连喷2～3次。

## 40. 番茄经常出现卷叶现象是什么原因？如何防治？

(1)主要症状 番茄叶片纵向上卷。从整个植株看，轻者仅下部或中、下部叶片卷曲；重者卷成筒状，同时叶片变厚、变脆、变硬。这种症状减少了有效光合面积，对产量有影响。

(2)发生原因 番茄卷叶与品种特性有关。有些早熟品种在果实开始采收时，植株叶片从下到上普遍卷曲。大量坐果后，养分消耗过多或氮肥过多，土壤水分过低、过高都会产生卷叶。此外，土壤中缺少铁、锰等微量元素，也会使叶脉变紫，叶片上卷。整枝过度，也容易发生卷叶。

(3)防治措施 培育壮苗，合理浇水追肥，使植株生长健壮而不徒长，满足果实膨大所需养分，并在结果期叶面喷0.3%磷酸二氢钾溶液或复合微肥等叶面肥料。适度整枝。

## 41. 番茄高温障碍的症状表现和防治措施是什么？

(1)主要症状 保护地栽培番茄，常发生高温危害。叶片受害后，出现褪色或叶缘呈漂白状，后呈黄色。发病轻的仅叶缘呈烧伤状，重的波及半叶或整叶，最终导致萎蔫干枯。番茄在遇到30℃的高温时，会使光合强度降低；温度为35℃时开花、结果受到抑制；温度为40℃以上时，则引起大量花果脱落，而且持续时间越长，花果脱落越严重。果实成熟时，遇到30℃以上的高温，茄红素形成缓慢；超过35℃时，茄红素则难以形成，表面出现绿、黄、红相间的杂色果。

(2)发病条件 白天温度高于35℃，棚室为40℃高温持续4小时以上，夜间高于20℃，就会引起茎、叶损伤及果实异常。

(3)**防治措施** ①及时通风，降低棚温。②采用遮阳网遮光。③叶面喷水降温。④化学调控。喷洒0.1%硫酸锌或硫酸铜溶液，可提高植株的抗热性，增强抗裂果、抗日灼的能力。用2,4-D浸花或涂花，可以防止高温落花和促进子房膨大。

## 42. 番茄出现木栓化硬皮果 是什么原因？如何防治？

(1)**主要症状** 植株中、上部容易出现木栓化硬皮果。病果小且果型不正，表面产生块状木栓化褐色斑，严重时斑块连接成大片，并产生深浅不等的龟裂。病部果皮变硬。

(2)**主要原因** 由植株缺硼引发。土壤酸化，硼被大量淋失，或使用过量石灰都容易引发硼缺乏。土壤干旱，有机肥施用少，也容易导致缺硼。钾肥施用过量，可抑制对硼的吸收。在高温情况下，植株生长加快，因硼在植株体内移动性差，硼往往不能及时、充分地分配到急需部位，也可造成局部缺硼。

(3)**防治措施** ①施用硼肥。土壤缺硼，应在基肥中适当增施含硼肥料。出现缺硼症状时，应及时叶面喷施0.1%～0.2%硼砂溶液，隔7～10天喷1次，连喷2～3次。也可每667平方米随水冲施硼砂0.5～0.8千克。②增施有机肥料。有机肥中营养元素较为齐全，含硼较多，可补充一定量的硼素。③改良土壤。日光温室等保护地要防止土壤酸化或碱化。一旦土壤出现酸、碱化，要加以改良，以调整到中性或稍偏酸性为好。④合理浇水，保证植株水分的供应。防止土壤干旱或过湿，否则会影响根系对硼的吸收。

### 43. 番茄出现网纹果的原因是什么？如何防治？

(1)主要症状　所谓网纹果就是番茄在果实膨大期透过果实的表皮可以看到网状的维管束。接近着色期病症严重，到了收获期网纹仍不消失。

(2)发生原因　网纹果多出现在气温较高的夏、秋季节，土壤氮素多，地温较高，土壤黏重，且水分多，土壤中肥料易于分解，植株对养分吸收急剧增加，果实迅速膨大，最易形成网纹果。土壤干旱，根系不能很好地吸收磷、钾肥，或磷、钾肥在体内移动困难，代谢紊乱。

(3)防治措施　选用生长势强的品种；控制氮肥的施用量，若土壤肥沃就不要施用过多易分解的鸡粪等有机肥；在气温升高时，日光温室等保护地内应加强通风，防止气温和地温急剧上升；适时浇水，避免土壤长时间干旱或土壤忽干忽湿。

### 44. 番茄果实"皮包不住肉"是什么原因？如何防治？

(1)主要症状　番茄"皮包不住肉"，即"开窗果"，是一种生理病害，为畸形果的一种。这种番茄茎、叶生长正常，果实上靠近果肩部有一大裂口，似唇状，有的裂口处还有一个洞，从外边能看到果肉。

(2)发生原因　一是在花芽分化阶段遇到低温，光照不足，尤其是低夜温易导致花芽发育不良，容易形成"穿孔果"；二是氮多、钙少时容易产生；三是保花、保果激素用量不当，不论使用哪一种激素，都不能重复使用，而且要根据温室内不同的温度采用不同的浓度。同时也不能喷到生长点上，否则，叶片变细，以后发生开窗果的比例会增多。

(3)防治措施　首先,在冬季要想方设法提高日光温室的温度,给番茄生长创造一个比较适宜的环境条件;其次,要严格掌握激素的使用浓度。

## 45. 如何防治棚室番茄聚缩病?

(1)主要症状　一般表现在顶部生长点和叶片聚缩在一起,生长缓慢或停滞,下部叶片肥厚,茎节粗、硬,节变短,番茄开花多但结果少,或根本不坐果,严重影响番茄产量。

(2)发生原因　一是日光温室温度过低,温室内白天温度长期低于20℃,夜间低于12℃;二是土壤长期缺水,相对湿度低于60%,过于干旱,蹲苗时间过长;三是氮肥不足,生长迟缓。

(3)防治方法　①科学控温。棚室内白天温度保持在24℃~25℃,上半夜保持在20℃~15℃,下半夜至翌日早晨保持在15℃~12℃。②合理浇水。缓苗后至坐果期土壤相对湿度保持在65%~80%,每隔10~15天浇水1次。果实膨大期土壤相对湿度保持在75%~85%,每隔7~10天浇水1次。③适时追肥。当发现植株生长缓慢,顶尖生长停滞时,应立即结合浇水每667平方米追施磷酸二铵15千克,硫酸钾15千克,尿素10千克,随浇水一起施入。

## 46. 如何防治番茄畸形花?

(1)主要症状　畸形花表现多种多样,有的畸形花表现为2~4个雌蕊,具有多个柱头;有的畸形花雌蕊更多,且排列成扁柱状或带状,这种现象通常被称做雌蕊"带化"。畸形花不及时摘除,往往会结出畸形果。

(2)发生原因　主要是花芽分化期间夜温低所致。花芽分化,尤其第一花穗分化时夜温低于 15℃,容易形成畸形花。

(3)防治措施　①环境调控。花芽分化期苗床温度白天应控制在 24℃~25℃,夜间 17℃~15℃。生长期间保证光照充足,湿度适宜,避免土壤过干或过湿。②抑制徒长。不应采取降低夜温的办法来抑制幼苗徒长,这样会产生大量畸形花。应采用少控温、多控水的办法。③科学施肥,确保苗床氮肥充足,但不宜施过多。施用磷、钾肥及钙、硼等中微量元素肥料要适量。

## **47. 番茄为什么会发生落花现象? 如何防治?**

(1)主要症状　容易落花,坐不住果。

(2)发生原因　①花器发育不良。如果在花芽分化和形成期温度过低,光照不足,营养不良,就会形成有缺陷的花。②授粉受精受阻。短柱花缺少授粉的机会;在土壤、空气过于干燥的情况下,花粉会出现变性、畸形、不孕或消亡;温室空气湿度过大,花粉吸潮膨胀,不易从花药中散出。授粉后,如果温度过低(低于 4℃),花粉不能萌发或花粉管伸长极为缓慢,或温度过高(35℃以上),由于呼吸消耗过大,蒸腾作用倍增,使花粉提早死亡,此后即使温度正常也难以恢复。③果实发育受阻。授粉受精以后,如果遭遇低温连阴天,光照不足,或缺肥少水,营养严重不足,也会导致脱落。

(3)防治措施　最根本的防治措施是在育苗和开花坐果期保持适宜的温度、充足的光照和必需的养分、水分供应。在施肥管理上,应在施足基肥的基础上进行追肥,特别要重视施钾肥,基肥最好要施用腐熟的农家肥、过磷酸钙等。追肥应在坐果前薄施,挂果后重施,分次追肥。当一穗花开花 3~4 朵时,可用番茄灵等进行保花保果,低温时浓度要低些。在浇水管理上,开花结果期植株生长需水量较多,要保证水分的均匀供应。缓苗期至第一穗果坐住,一般不灌水,防止植株徒长造成落花落果。第一穗果膨大,第二穗果坐住,增加浇水次数;幼果膨大时适时浇水。

## 48. 番茄叶柄上发生不定芽和花序长出
### 小叶是什么原因? 如何防治?

(1)主要症状　叶柄上形成不定芽。花序产生新芽或小叶。在番茄生产上经常可以见到花序的前端分化发育成新芽,或在花梗上长出新叶、新芽,同时发现有的叶柄扭曲、变粗,叶片呈缺刻状等异常。

(2)发生原因　如果植株不能得到足够的硼,叶子同化作用产生的光合产物就不能很好地输送到植物的各个部分,在叶柄的周围就要形成不定芽。如果有不定芽出现,说明植株同化产物的运送不良,应该马上补施硼肥。在打顶后,也会出现同化产物运送不良的问题,这与缺硼无关,应注意区别。花序产生新芽或小叶这一异常现象可能与高温、干旱和缺硼有关。

(3)防治措施　①在苗床上不要过量施用氮、钾肥和石灰,以避免抑制对硼的吸收。苗期喷用硼酸200倍液。②管理中要避免高温和干旱。

## 49. 番茄苗期出现紫红苗
### 是什么原因? 如何防治?

(1)主要症状　植株生长缓慢,个体矮小;茎细叶小,叶常卷曲;叶背面和叶脉呈紫红色,老叶渐变黄,并伴有紫褐色枯斑。

(2)发生原因　由于缺磷造成。发病的主要原因是土壤中磷素含量低,或由于环境不良,植株对磷的吸收受阻。早期缺磷的开花少,结果不良,尤其对前期结果影响大。充足的磷可以促进早期结果。

(3)防治措施　①早施、集中施用磷肥。②若日光温室和大棚土壤偏碱性,宜施用过磷酸钙,不宜施用钙镁磷肥、钢渣磷肥等。③重施有机肥。

## 50. 番茄发生裂果是什么原因？如何防治？

(1)主要症状　番茄裂果多发生在果实成熟期,是一种常见的生理病害。主要症状有环状裂果、放射状裂果和顶裂果3种。环状裂果的果实表面以果蒂为中心呈环状裂沟。果实出现裂果后不耐贮运,商品性降低,还易感染杂菌,造成烂果。放射状裂果果蒂附近发生放射状裂痕,果肩部同心状龟裂。顶裂果一般在花柱痕迹的中心处开裂,有时胚胎组织及种子随果皮外翻、裸露,受害果实难看,严重时失去商品价值。

(2)发生原因　番茄裂果虽与品种有关(一般果皮薄、果实扁圆形、大果型品种易裂果),但主要原因是水分失调造成的。特别是在高温强光、干旱的情况下,果柄附近的果面产生木栓层,而果实内部细胞中糖分浓度提高,膨压升高,细胞吸水能力增强,这时如灌水过多或降雨过多,果实内部细胞大量吸水膨大,就会将木栓化的果皮胀破而开裂。

(3)防治措施　①避免番茄裂果重在预防,注意选种不易裂果的品种。②深翻土,多施有机肥,以促进根系生长,缓冲土壤水分的剧烈变化。③合理灌水,避免土壤忽干忽湿,特别应防止土壤久旱后过湿。果实生长盛期土壤相对湿度应保持在80%左右。④实行高畦深栽,以缓解水分急剧变化对植株产生的不良影响。此外,有条件的可对整个果穗进行套袋覆盖,对防止环状裂果非常有效。⑤必要时补充钙肥和硼肥,可用0.5%氯化钙溶液做叶面喷施。

## 51. 番茄发生细碎纹裂果是什么原因?如何防治?

(1)主要症状　果实表面出现密集而细小的木栓化纹裂,纹裂宽0.5~1毫米,长3~10毫米。通常以果蒂为圆心,呈同心圆状排列,也有的纹裂呈不规则形,随机排列。

(2)发生原因　在有露水或供水不均匀的情况下,果面潮湿,老化的果皮木栓层吸水膨胀,会形成细小的裂纹。

(3)防治措施　①选择抗裂的品种。②增施农家肥,使根系健壮生长。合理浇水,避免水分忽干忽湿,尤其要注意防止久旱后浇水过多。③保护地要及时通风,降低空气湿度,以缩短果面结露时间。④在土壤钙、硼含量低的条件下,应及时补充钙肥和硼肥,调节各种养分比例。不宜过多施用氮肥和钾肥,以免影响钙的吸收。⑤喷施85%比久2 000~3 000毫克/升溶液,以增强果面抗裂性。

## 52. 番茄育苗床出现小苗黄化、僵化是什么原因?如何防治?

(1)主要症状　番茄苗从子叶就开始黄化,然后扩至全株叶子,生长停滞。严重时叶片枯黄脱落,顶叶变窄卷曲;近根基部长出不定根,地下根腐败变褐,无新根发生。

(2)发生原因　苗床湿度过大,根系缺氧,根和叶间的平衡被破坏,呼吸及代谢失常,地上部分有激素大量积累,因而出现不定根。

(3)防治措施　避免苗床积水,苗期浇水要适量。必要时苗床撒施适量草木灰,以减小湿度。

## 53.番茄顶部黄化,停止生长,枯死是什么原因?如何防治?

(1)主要症状　番茄顶部叶黄化,生长点停止生长,枯死。

(2)发生原因　一是缺硼。有的土壤中硼的绝对含量少,有的则可能是因为土壤中缺钾和钙,或钾、钙过剩,都会抑制植株对硼的吸收。二是低温。夜间的低温也会引起顶部黄化而停止生长,其根本原因乃是因为低温引起根对硼和钙的吸收受阻。有些品种虽然比较耐低温,但在温度低于5℃时,也会出现顶端生长停止的现象。

(3)防治措施　①对缺硼地块,每667平方米用硼砂或硼酸1千克左右做基肥或早期追肥。②增施磷肥,以促进对硼的吸收。③缺硼症急速发生时,可用硼酸或硼砂300～500倍液做叶面喷施,症状可很快消失。

## 54.如何识别和防治番茄乙烯利中毒症?

(1)主要症状　番茄果皮薄,果肉软,果实表面出现白晕区,并产生凹陷斑;病斑呈灰褐色、浅褐色,边缘褐色。叶片小而畸形,小叶一般向上扭曲(这一症状与2,4-D药害不同)。

(2)发生原因　乙烯利有极好的催熟作用,能促进番茄红素产生。但乙烯利使用过量会对细胞产生毒害,乙烯利溶液浓度过高,或虽然浓度适宜,但单果附着药液过多,均会发生药害。

(3)防治措施　①采用适宜的方法,掌握适宜浓度。可将果实放在浓度为1 000～1 500毫克/升的乙烯利溶液中浸一下,放在20℃~25℃条件下,过几天就变红了。也可用小型喷雾器将500~1000毫克/升乙烯利溶液喷到植株果实上,过一段时间也会提前变红。用1000毫克/升乙烯利溶液浸一下果之后,再用手抹一下,番茄红素形成快而多,果色好。②处理方法要得当。最好采用药液浸蘸或喷洒的方法,注意不要喷到叶子上,否则易使叶子发黄,甚至枯死,特别是高温时更容易出现。

## 55. 番茄育苗期出现黄白苗
### 是什么原因?如何防治?

(1)主要症状　顶部叶片黄白化,脉间失绿,呈网状叶脉,严重时叶片黄白化,有时也会出现紫红色或桃红色。失绿叶片多半坏死,大红番茄果实成熟时不是红色而为橙色。

(2)发生原因　这是缺铁造成的一种生理病害。碱性土壤容易发生缺铁现象。磷肥施用过多、土壤过干和地温过低时,也容易发生缺铁。

(3)防治措施　①改良土壤,降低土壤 pH,以提高土壤的供铁能力。②施用铁肥。由于缺铁常发生在石灰性土壤上,土壤施用铁肥极易被氧化沉淀而失效。可在叶面上喷施0.2%~0.5%无机铁或螯合铁。叶面喷施时加入适量的尿素可改善矫治效果。③合理施肥,控制磷、锌、铜、锰及石灰质肥料的用量,以避免对铁吸收的拮抗作用。对于钾不足而引起的缺铁症,可通过增施钾肥,以缓解乃至完全消除缺铁症。

## 56. 番茄果肉维管束组织呈黑褐色
### 是什么原因?如何防治?

(1)主要症状　番茄筋腐病是保护地栽培上发生较为严

重的一种生理病害。冬、春茬栽培的番茄多在第一、第二穗果上大量发生。感病果实沿着表皮的维管束部分变成褐色,从果柄附近到落花的部分出现长黑褐色条纹。维管束变成褐色的部分,由于延迟着色而使表皮出现绿斑;果实着色时,从外部可以看出内部的褐变。

(2)发生原因 番茄筋腐病的发生除与品种有关外,环境条件对发病也有很大影响。光照不足,气温偏低,连阴天,对光合作用极为不利,容易发病;地温低,湿度大或干旱,土壤钾、硼、钙等元素缺乏,氮肥施用量过大,养分吸收不平衡也易发病。光照不足是发病的主要原因。

(3)防治措施 ①选择抗性品种。②进行轮作换茬,改善土壤营养,适量施用钾肥,避免土壤中积累大量铵态氮,改善温室内的光照条件,是减少番茄筋腐果发病率的有效措施。③勤中耕,保持土壤疏松和适宜的含水量,以促进根系发育。根据棚内温度变化适时通风换气,防止棚内温度过高。

### 57. 人参果为什么会发生顶枯病? 如何防治?

(1)主要症状 主要是在植株幼嫩部位表现受害,初期上部嫩梢颜色褪绿变浅,叶片上卷,以后叶肉组织进一步褪绿,出现不规则的褐色小点;随着病害的发展叶片卷曲坏死,生长点逐渐萎缩、枯死。

(2)发生原因 由于植株生理缺钙所致。主要原因参考番茄缺钙症。

(3)防治措施 参考番茄缺钙症的防治。

### 58. 人参果发生筋腐果的原因是什么? 如何防治?

(1)主要症状 该病症主要危害果实,病果表现生长异常,表面凹凸不平,颜色深浅不均,剖开果实可见维管束不规则变褐;严重时果肉组织内出现多个褐色坏死环,不能食用。有时还造成大批果实脱落。

(2)发生原因　主要是管理不当造成生理障碍所致。该病症与浇水、施肥和光照关系密切。通常施氮肥过多,植株氮、磷、钾比例不平衡,较长时间控水后突然浇大水,土壤过湿和植株间荫蔽,光合作用弱,造成地上部与地下部养分失调,使植株不能进行正常的生长代谢活动,阻碍植株对钾、铁、硼的吸收和转移,最终表现为果实病变。

(3)防治措施　参考番茄筋腐病的防治。

### 59. 如何识别和防治茄子缺氮症?

(1)主要症状　叶片小而薄,叶柄与茎之间的夹角小,呈直立状。植株长势弱,叶片稀疏,下部叶淡绿色,缺氮严重时变为黄色;叶片容易脱落,果实小,果实膨大受阻,易出现畸形果。结果期缺氮,落花落果严重。

(2)发生原因　茄子是一种需肥量较多的蔬菜,尤其是对氮素的需求量较大,对土壤氮素不足反应比较敏感。前茬施有机肥和氮肥少,在土壤中氮素含量低的情况下易发生。施用作物秸秆或未腐熟的有机肥过量时容易发生。土壤含水量大而影响有效氮的转化,氮肥施用不均等,易发生茄子缺氮症。

(3)防治措施　①温度低时,施用硝态氮化肥效果好。②施用腐熟堆肥及有机肥。一般定植前每667平方米施腐熟有机肥5 000～6 000千克。③避免一次性浇水量过大。④缺氮时及时补充硝铵、碳铵和尿素等速效氮肥。

## 60. 如何识别和防治茄子缺磷症？

(1)主要症状　茎秆细长,纤维发达,发芽分化和结果延迟,叶片变小,颜色变深紫色,叶脉发红。在生长的中后期,下部叶片提早老化,叶片和叶柄变黄。

(2)发生原因　土壤酸性大,磷被铁、镁固定,植株无法吸收,易发生缺磷症。有时地温低也会严重影响磷的吸收,故温度低时也会缺磷。氮肥施用过多会阻碍茄子对磷的吸收。

(3)防治措施　一般在土壤全磷含量高,有效性差,磷素固定很严重的情况下,叶面施肥的效果好于土壤追肥。一般用 0.3%磷酸二氢钾溶液每隔 7~10 天喷 1 次,连喷 2~3 次,即可消除或缓解缺磷症状,但在生育后期随着需磷量的增加,还有发生缺磷的可能。所以,查明土壤磷素有效性差的原因,结合土壤施磷才能彻底解决缺磷问题。土壤 pH 较高时,应适量施用生理酸性肥料,增施有机肥,降低 pH,会提高施入土壤中的磷肥的有效性。因此,在土壤全磷和有效磷含量均很低的情况下,以叶面施磷肥作为临时性的补救措施的同时,应向土壤中增施磷肥。总之,对缺磷土壤要施用磷酸二铵和过磷酸钙等磷肥做基肥。在育苗期要注意施足磷肥。

## 61. 如何识别和防治茄子缺钾症？

(1)主要症状　在土壤钾素缺乏并不严重时,缺钾症与氮素过剩症极为相似,下部叶发黄、柔软、易染病。当缺钾严重时,初期心叶变小,生长慢,叶色变淡,后期叶脉间失绿,出现黄白色斑块,叶尖叶缘干枯,果实不能正常膨大。

(2)发生原因　参考番茄缺钾症。

(3)防治措施　充足供应钾肥,特别在生育中后期不能缺少钾肥。多施用有机肥做基肥。发现缺钾时,每667平方米直接向土中施硫酸钾或硝酸钾 10~25 千克,或用 0.2%磷酸二氢钾溶液和 10%草木灰浸出液进行叶面喷肥。

## 62. 如何识别和防治茄子缺钙症?

(1)主要症状　植株生长缓慢,生长点畸形,幼叶叶缘失绿,叶片的网状叶脉变褐,呈铁锈状叶。严重时,生长点坏死。易发生顶腐病。

(2)发生原因　当土壤中钙不足时易发生。土壤中钙虽多,但土壤盐类浓度高时也会发生缺钙的生理障害。土壤干燥时或空气湿度低,连续高温时,易出现缺钙症状。当施用氮肥、钾肥过多时,会出现缺钙情况。在连续多年种植蔬菜的土壤中栽培茄子,易造成缺钙。

(3)防治措施　多施有机肥。土壤缺钙,增施钙肥,可及时对叶面喷洒 0.3%~0.5%氯化钙溶液,每 5~7 天喷 1 次,共喷 2~3 次。

## 63. 如何识别和防治茄子缺镁症?

(1)主要症状　一般是从下部叶开始发生,在果实膨大盛期靠果实近的叶先发生。叶脉变黄,叶脉间也有变黄的,叶缘仍为绿色。果实除变小、发育不良外,无特别症状。缺镁严重时,叶脉间会出现褐色或紫红色坏死斑。

(2)发生原因　土壤含镁少或低温影响根对镁的吸收。土壤中镁含量虽多,但由于钾、氮过多产生拮抗作用,影响茄子对镁的吸收时也易发生缺镁症。当植株对镁的需要量大而根的吸收不能满足需要时,也会发生缺镁症。

(3)防治措施　提高地温和施用有机肥。测定土壤,如土壤中镁不足时要补充镁肥。减少钾肥的施用量,增施磷肥。应急时可用1%~2%硫酸镁溶液喷叶,每5~7天喷1次,共喷2~3次。

## 64. 如何识别和防治茄子缺硼症?

(1)主要症状 茎叶变硬,叶硬邦邦的;上部叶扭曲畸形,茎内侧有褐色木栓状龟裂;新叶停止生长,芽弯曲,植株呈萎缩状态;果实表面有木栓状龟裂,果实内部和靠近花萼处的果皮变褐,易落果。

(2)发生原因 参考番茄缺硼症。

(3)诊断要点 参考番茄缺硼症。

(4)防治措施 定植前施含硼肥料做基肥。应急时,可用0.1%~0.25%硼砂溶液进行叶面喷施。

## 65. 如何识别和防治茄子缺铁症?

(1)主要症状 新叶除叶脉外均变为鲜黄化,黄化现象均匀,不出现斑状黄化和坏死斑。在腋芽上也长出叶脉间鲜黄化的叶。下部叶发生的少,往往发生在新叶上。根也易变黄。

(2)发生原因 参考番茄缺铁症。

(3)防治措施 尽量少施用碱性肥料,防止土壤呈碱性,土壤pH应保持在6~6.5。当土壤中磷过多时可采用深耕、客土等方法降低含量。如果缺铁症状已经出现,可用0.5%~0.1%硫酸亚铁溶液或100毫克/升柠檬酸铁溶液对茄子喷施,每5~7天喷1次,共喷2~3次。

常用的铁肥品种有硫酸亚铁、硫酸亚铁铵、络合铁等。硫酸亚铁($FeSO_4 \cdot 7H_2O$)含铁19%~20%,为淡绿色结晶体,可溶于水,晶体在空气中易吸潮,被空气氧化后呈黄色或铁锈色。硫酸亚铁铵含铁 14% 左右,其化学性状与硫酸亚铁相似。这两种无机铁肥直接土施无效,叶面喷施浓度一般为 0.2%～0.3%,但效果不稳定。络合铁喷施效果优于无机铁肥,但价格较贵。硫酸亚铁与有机肥混合施用可提高其效果。

## 66. 如何识别和防治茄子缺锌症?

(1)主要症状 顶部的叶片中间隆起,畸形,生长差,茎叶硬;生长点附近的节间缩短。

(2)发生原因 参考番茄缺锌症。

(3)诊断要点 参考番茄缺锌症。

(4)防治措施 不要过量施用磷肥或氮肥;缺锌时,可以施用硫酸锌,每 667 平方米施用 1～2.5 千克,或增施含锌的复合肥。应急方法是,用 0.1%～0.2%硫酸锌溶液喷洒叶面。

常用的锌肥有硫酸锌、氧化锌和氯化锌等。硫酸锌是最常用的含锌微肥,工业品硫酸锌有七水硫酸锌(含锌 22%)和一水硫酸锌(含锌 35%)两种,为白色或浅红色结晶,易溶于水。氯化锌(含锌 40%～48%)为白色结晶,亦易溶于水。这两种锌肥均是水溶性的,宜做追肥和叶面喷肥施用或拌种,也可做基肥。

## 67. 如何识别和防治茄子缺铜症?

(1)主要症状 整个叶片色淡,上部叶多少有点下垂,出现沿叶脉间小斑点失绿的叶。严重时,叶片呈褐色,叶片枯萎;幼叶失绿,出现幼叶萎蔫现象。

(2)发生原因 参考番茄缺铜症。

(3)诊断要点 参考番茄缺铜症。

(4)防治措施 增施酸性肥料。应急方法是,用 0.3%硫酸铜溶液进行叶面喷雾。

## 68. 如何识别和防治茄子缺锰症？

(1)主要症状　植株幼叶脉间失绿呈浅黄色斑纹或出现不明显的黄斑和褐色斑点，严重时叶片均呈黄白色，易落叶；植株节间变短、细弱，花芽常呈黄色。

(2)发生原因　参考番茄缺锰症。

(3)诊断要点　参考番茄缺锰症。

(4)防治措施　整地时，每667平方米施硫酸锰1～4千克做基肥；增施有机肥；科学施用化肥，应注意全面混合施或分施，勿使肥料在土壤中呈高浓度。应急方法是，用0.2%硫酸锰溶液进行叶面喷施。

## 69. 如何防治茄子亚硝酸气危害？

(1)主要症状　一般植株中、下部叶背面发生不规则水浸状淡色斑点或叶片上产生褐色小斑点，叶背面上的斑点具有光泽，有时表现为白色。发病轻时，表面看上去正常，而背面出现褐色的斑纹；发病重时，叶的表面产生白斑，叶背面出现与受害轻时一样的褐色斑点。严重时叶片缺乏生机，没有光泽，像老叶似的，光合作用效率显著降低，容易感染病害。

(2)发生原因　在施肥量过大、土壤由碱性变酸性的情况下，硝酸化细菌活动受抑制；在铵态氮肥转化成硝态氮的过程中或硝态氮在淹水、土壤板结等还原条件下，发生反硝化作用。棚室内亚硝酸气浓度达到2毫克/升便产生危害。多在施肥后10～15天出现症状。茄子对亚硝酸气较敏感。

(3)防治措施　防止亚硝酸气害的主要措施是施用充分腐熟的农家肥。施化肥特别是施尿素时，要少施勤施，施后及时浇水,注意及时通风换气,排出有毒气体,补充二氧化碳。

## 70. 如何防治茄子二氧化硫中毒?

(1)主要症状　二氧化硫主要危害叶片。二氧化硫遇水或在空气湿度较大时,转变成亚硫酸,直接破坏茄子叶片的叶绿体。一般中部叶片受害较重。受害轻时,仅叶背气孔密集处出现症状。茄子叶片被害后,其症状先呈水浸状,逐渐叶缘卷曲、干枯,同时叶脉间出现褐色病斑。茄子花抗性较强,通常在叶子已严重受害的情况下仍保持完好。

(2)发生原因　施用未腐熟的有机肥(特别是未腐熟的鸡粪),在分解过程中产生二氧化硫。茄子对二氧化硫反应敏感。日光温室内二氧化硫浓度达到 0.2 毫克/升时,经 3~4 天即表现出轻度受害症状;浓度达到 1 毫克/升时,经 4~5 小时就会出现受害症状;浓度达到 10~12 毫克/升时,如遇阴天、雾天,植株死亡。

(3)防治措施　①施用充分腐熟的有机肥。②发现二氧化硫中毒症状后,要及时通风换气,在不影响茄子正常生长的温度条件下,尽量加大放风量。③喷 0.5% 石灰溶液可缓解危害。

## 71. 如何防治茄子塑料薄膜有害气体中毒?

(1)主要症状　日光温室塑料薄膜选用不当会产生有害气体。有害气体从气孔进入叶片后,叶缘与叶尖最先表现症状,嫩叶的新叶最先受害。受害后,叶片表现褪绿、变黄、变白,严重时叶片干枯直至全株死亡。地上部受害严重时,根系变褐枯死。

(2)发生原因　塑料薄膜的主要成分是聚乙烯和聚氯乙

烯两种,在生产中加入一定量的增塑剂或稳定剂,有些质量低劣的产品往往由于加入增塑剂或稳定剂不当,因而产生有害气体。

(3)防治措施　①使用安全、无毒的塑料薄膜。②已发生危害时应加强通风。

## 72. 如何防治茄子僵果?

(1)主要症状　僵果又称石果,是单性结实的畸形果。果实个小,果皮发白,有的表面隆起,果肉发硬,适口性差。环境适宜后僵果也不发育。

(2)发生原因　①开花结果期温度低于17℃或高于35℃,致使花粉管伸长不良,授粉不完全,无法形成种子。尤其是夜温过高,昼夜温差小,更易产生僵果。②铵态氮高、钾多、弱光、多湿的条件会使僵果增多。③茄子喜光,在10万勒克斯的光照度内,光照越强茄子生长越快。低温弱光期育出的苗长势、产量均差。④因茄子秧吸收养分和水分量小,如苗期干燥,弱光低温,苗龄小,根系少,主根浅,定植过浅根受冻,易形成僵果。⑤一般圆茄品种比长茄品种僵果多。越冬栽培的茄子,易形成僵果。

(3)防治措施　①选择适宜品种,采用配方施肥技术,叶面喷施1%尿素溶液 + 0.5%磷酸二氢钾 + 0.1%膨果素混合液,可促进植株生长,果实膨大。②日光温室温度控制在30℃以下,及时通风换气防止高温,昼夜温差不能小于5℃。③进行人工授粉或用10～15毫克/升番茄灵溶液涂抹花柄,也可用30～50毫克/升防落素溶液喷花,防止中、短柱花的形成,促进果实膨大。有条件的地方,可释放熊蜂辅助授粉。④选用聚乙烯紫光膜,增加冬季室内紫外光谱透光率,可提高室温 2℃～3℃,控秧促根。⑤及时摘取僵老果,避免其与上层果争夺营养,以减少僵果。

## 73. 如何防治茄子落花?

(1)主要症状　茄子易落花,坐不住果。

(2)发生原因　①温度不适。茄子结果期要求较高的温度,适温为 25℃～30℃,夜间气温应为 15℃～20℃。如气温低于 15℃或高于 35℃,茄子生长缓慢,落花严重,在生产中表现为前期及夏季结果较少。②花的发育状态不良。如茄子花发育得好,则花型大,色浓,开花时花柱较花药长或等长,有利于授粉和受精,坐果良好;而发育不好的花,花柱短于花药,授粉不良,花将大部分脱落。③营养欠缺。缺肥少水,则植株生长细弱,其养分用于维持生长,则生殖能力低下,坐果少。④追肥不及时,或追肥时间不当,也不利于坐果。一般表现为追肥较早,植株徒长,导致花果脱落;追肥不及时,植株早衰,生产能力降低,也不利于坐果。⑤施肥比例不当,使植株出现徒长或长势衰弱,则植株营养生长与生殖生长比例失衡,也难坐果。⑥光照差。光合能力低下,花的质量差,很容易脱落。茄子为喜光作物,对光照时间要求较严格,光照弱时,植株生长发育减缓,成花少,花芽质量差。

(3)防治措施　①培育壮株,加强温、湿度调控,及时适量供给肥水。②注意促长柱花生长,减少短柱花的比例,以利于提高坐果率。生产中采用的关键措施是加强花果期的温度管理,在结果期适温范围之内,温度稍低,白天控制在 25℃左右,夜间控制在 15℃～20℃,使花芽分化稍迟缓,有利于长柱花的形成,可有效地控制短柱花的比例。此外,生产中要合理安排种植茬口,使结果期白天温度在 25℃以上,夜间在

15℃～20℃;夏季高温期应注意浇水降温,如遇连续高温天气,可架遮阳网降低温度,以提高坐果率。注意绝对不可在日光温室内加温,否则会使夜温过高,导致大量落花。③在茄子花蕾含苞待放到刚开放这段时间,用20～30毫克/升2,4-D生长素溶液涂抹花柱头,温度低时抹药浓度为30毫克/升,温度高时抹药浓度为20毫克/升。注意已抹过药的花不能重抹。为防止重抹,可在药液中加广告色做标记。④采用配方施肥技术,合理施用有机肥。每667平方米提倡施用优质生物肥50～80千克或叶面喷施云大-120植物生长调节剂3 000～4 000倍液或爱多收2 000倍液,这样不仅可减少落花、落果,还可提高产量。

## 74. 如何防治茄子发生果形异常果?

(1)主要症状 茄子植株结"矮胖果"、"下部膨胀果",均为果形异常果,也称"劣果"。

(2)发生原因 茄子劣果与植株的营养状态有着密切的关系。植物激素、土壤、肥料等均对果形异常具有明显的影响。①不同种类的植物生长调节剂对果形有不同的影响。使用2,4-D处理很容易产生矮胖类型的果实。低浓度的羟甲氯苯氧乙酸钠容易产生果实长度短缩的劣果。②土壤较干燥时,用植物生长调节剂处理花朵会产生"石果";土壤稍微干燥时,用植物激素处理则容易产生矮胖果。③肥料对果形有明显影响。在铵态氮过多的情况下,会产生矮胖形劣果,这多是由于果实膨大受到阻抑的缘故,切开果实可看到果顶部分变黑的现象。从外表看,劣果与脐腐病的病果完全不同。在铵态氮过多的情况下,果实变黑是由缺钙引起的,钙不足时,也容易产生矮胖果。钾不足时,果实膨大也会受到显著影响。

(3)防治措施 ①使用不同种类的植物生长调节剂,应注意在不同的温度条件下使用不同的浓度。最好采用番茄灵处理。②要注意土壤水分,保持土壤湿度适中。③合理施用氮肥。供给足够的钾肥。

## 75. 如何防治茄子裂果?

(1)主要症状 果实部分发生开裂称为裂果。严重的茄裂果开裂的部位大多从花萼以下开始。果实顶部、中腹部也有开裂的。

(2)发生原因 主要是温度低或氮肥施用过量,浇水过多导致生长点营养过剩,造成花芽分化和发育不充分而形成多心皮的果实,或由雄蕊基部开裂而发育成裂果。有时果实与枝叶摩擦,果面产生伤疤,浇水后果肉膨大速度快,也容易引起开裂。日光温室内产生有害气体,导致果实膨大受抑制,这时浇水过量就会产生裂茄。虽然果实的果皮较硬,果肉吸收过多的水分也会引起裂果。

(3)防治措施 ①移植前提前浇水,带土移栽,尽量少伤根;采用配方施肥技术,进行平衡施肥,防止过量施用氮肥;合理浇水,果实膨大期不要过量浇水。②尽量不使用2,4-D,使用其他生长调节剂时也应严格掌握浓度。使用时间也需严格掌握,不在中午高温时及幼蕾期使用。同时要避免重复处理。③保持适宜的田间湿度,防止过于干旱后大量灌水而造成土壤水分剧烈变化。④防止产生畸形花。详见茄子畸形花的防治。

## 76. 如何防治茄子枯叶?

(1)主要症状 这是由多种原因引发的生理病害。其症状如下:中、下部叶枯干,心叶无光泽,黑厚,叶片尖端至中脉间黄化,并逐渐扩大至整叶;折断茎秆,可看到维管束无黑筋。此病在日光温室栽培多发生在1~2月份。

(2)发病原因　冬至前后底墒差,土壤中空隙大,因缺水造成根系冻害;施肥过多,土壤浓度过大,使植株脱水后引起生理缺镁症。

(3)防治措施　冬前选好天气(20℃以上)浇足水,因水分持热能力比空气高,可提高地温,避免冻伤根系。随水每667平方米施硫、镁肥15千克,以增强光合强度,缓解病症。浇后适当排湿。

## 77. 如何防治茄子芽弯曲?

(1)主要症状　茄子秧顶端茎芽发生弯曲,秆变细,仅为正常茎粗的1/3~1/5;植株高度生长暂时停止或缓慢生长,继而侧枝增多增粗。

(2)发生原因　这是由于低温、氮多引起的钾、硼素吸收障碍症。

(3)防治措施　定植时注重增施有机肥,低温弱光期每667平方米追施硫酸钾15千克和硼砂1千克。也可在叶面上喷高钾营养液和硼砂1000倍液,其促长复壮效果明显。

## 78. 如何防治茄子嫩叶黄化?

(1)主要症状　幼叶呈鲜黄白色,叶尖残留绿色,中、下部叶片上出现铁锈色条斑,嫩叶黄化。

(2)发病原因　多肥,高湿,土壤偏酸,锰素过剩,均会抑制铁素的吸收,导致新叶黄化。

(3)防治措施　发病后,叶面上喷硫酸亚铁500倍液,也可田间施入氢氧化镁和石灰,以调整土壤酸碱度,补充钾素,平衡营养,可满足或促进铁素的吸收。

## 79. 如何防治茄子顶叶凋萎?

(1)主要症状 顶端茎皮木栓化龟裂,叶色青绿,干焦边黄化,果实顶部肉皮下凹,易染绵疫病而烂果。

(2)发病原因 在碱性土壤中,由低温弱光期(一般为2月中旬)转入高温强光期,地上部蒸腾作用大,且根系吸收能力弱,会造成顶叶因缺钙缺硼而凋萎。

(3)防治措施 注意叶面补充钙、硼肥;高温强光天气中午要注意降温防脱水,前半夜保温促长根,3~5天后地上地下生长平衡后,再进入高温强光管理,可防止闪秧和顶叶脱水凋萎。

## 80. 如何防治茄子花蕾不开放?

(1)主要症状 子房不膨大,花蕾紧缩不开放。

(2)发病原因 这是由于缺硼而引起的一种生理病害。寒冷季节,土壤缺水,空气干燥,轻质土壤,pH 7.5~8 以上,土壤硼有效性降低,田间有过量钙会吸附硼素,均会诱发植株缺硼,因而造成花蕾长时期不开放。

(3)防治措施 叶面喷施硼砂 700 倍液或含硼光合微肥。

## 81. 茄子不长新根,根褐锈色,易拔起是什么原因? 如何防治?

(1)主要症状 茄子不产生新根和不定根,根皮呈褐锈色,而后腐烂;地上部萎蔫,很容易拔起;叶片黄化,枯焦。这种症状就是通常所说的"沤根"。

(2)主要原因　温度低,湿度大,光照不足,造成根压小,吸水力差。主要在苗期发生,成株期也有发生。

(3)防治措施　苗期和室温低时不要浇大水,最好采用地膜下暗灌小水的方式浇水。选晴天上午浇水,保证浇后至少有2天晴天。加强炼苗,注意通风,只要气温适宜,连阴天也要放风,以培育壮苗,促进根系生长。按时揭盖草苫,阴天也要及时揭盖,充分利用散射光。

## 82. 怎样防治茄子疯长?

(1)主要症状　茄子疯长,系指在生长期间的非正常徒长。疯长会造成枝叶过旺,通风受光不良,植株开花少,落果多,产量低,品质差。

(2)发生原因　①湿度过高,放风不及时。②光照不足,特别在连续阴雨天或草苫晚揭早盖;会造成光照严重不足。③施用氮肥过多。

(3)防治措施　①控制苗龄,早做定植准备,及时定植,促进秧苗缓苗。②控制氮肥用量,采用深沟高畦栽培,促进根系生长。③采用深中耕的物理办法切断部分根系,控制生长。④适时适量整枝打叶,搭架,使通风透气良好,并用生长调节剂如多效唑、缩节胺、矮壮素等化控方法抑制生长。⑤采用手捏蹲苗法防治。确认"疯长"植株,从苗枝顶上往下数,在第三叶以下节间处用两个手指轻轻一捏,使其发"响"出水,让输导组织暂时受损,减小向上输送养分而"蹲苗"停长,待3~5天捏过的伤口部分愈合成一个"疙瘩"后再恢复正常生长。此时,周围没被"捏"的弱苗、小苗、弱枝及小枝都在生长,大部分赶上了被"蹲"成壮苗的原"疯长"苗,使茄苗都长成生长一致的高产、优质壮苗。

## 83. 如何防止茄子发生日灼果？

（1）主要症状　果实向阳面出现褪色发白的病变，并逐渐扩大，呈白色或浅褐色，导致皮层变薄，组织坏死，干后呈革质状，以后容易引起腐生真菌侵染，出现黑色霉层，湿度大时，常引起细菌侵染而发生果腐。

（2）发生原因　这种症状是由于茄子果实暴露在阳光下导致果实局部过热而引起。早晨果实上出现大量露珠或棚膜上水滴滴在果实上，太阳照射后，露珠聚光吸热，可导致果皮细胞被灼伤。温室茄子"五一"撤棚后，气温逐渐升高，炎热的中午，土壤水分不足，或雨后骤晴都可能导致果面温度过高。生产上密度不够，栽植过稀或管理不当易发病。

（3）防治措施　①选用早熟或耐热品种，如济南小早茄、长茄1号、七叶茄等。②采用南北垄栽培方式，使茎叶相互遮掩，防止强光直射果实。③叶面喷施促丰宝液肥Ⅱ 600～800倍液或植宝素2 500倍液，促使植株枝叶茂盛。④适时灌溉，补充土壤水分。

## 84. 如何防止茄子发生畸形花？

（1）主要症状　正常的茄子花大而色深，花柱长，开花时雌蕊的柱头突出高于雄蕊花药，柱头顶端边缘部位大，呈星状花（长柱花）。生产上有时遇到花朵小、颜色浅、花柱细、花柱短，开花时雌蕊柱头被雄蕊花药覆盖，形成短柱花或中柱花。当花柱太短，柱头低于花药开裂孔时，花粉则不易落到雌蕊柱头上，难于授粉，即使勉强授粉也易形成畸形花。大部分短柱花开花3～4天后从离层脱落，不能正常结果。

（2）发生原因　在高温条件下，尤其在夜温过高且干旱的条件下,雌性花发育不良,易形成短柱花。幼苗期光照弱,幼苗徒长,使花芽分化和开花期延迟,也会增加畸形花率。此外,缺氮会延迟花芽分化,减少开花数量,尤其在开花盛期,氮、磷不足易产生畸形花。

(3)防治措施　①育苗应选择肥料充足肥沃的土壤,气温白天控制在 20℃～30℃,夜间 20℃以上,地温不低于 20℃。冬季育苗要选用酿热温床或电热温床,早春注意防止低温;后期气温逐渐升高,要防止高温多湿,使拱棚茄子昼夜温差不要小于 5℃,保持土壤湿润。这样,花芽分化早,保持长日照花芽分化快,有利于长柱花形成。②培育壮苗。苗龄 80 天左右(冬季)要求茎粗短,节间紧密,叶大叶厚,叶色深绿,须根多。苗期温度白天控制在 25℃～30℃,夜间在 18℃～20℃。注意经常擦去棚膜上的灰尘,以增强光照。③尽早移植,使其在花芽分化前缓苗,这样可使花芽充分分化。定植前 1 天浇透苗床,移植时把苗子带土提起,尽量少伤根,这样定植后不仅缓苗快,还可防止落花、落果。日光温室栽培茄子,进入 5 月份后棚膜应逐渐揭开,以防止高温危害而产生畸形花。

## 85. 如何防止茄子发生着色不良果?

(1)主要症状　深紫色品种的茄子在日光温室、大棚栽培条件下呈淡紫色或红紫色,个别果实甚至呈绿色。着色不良果分为整个果实颜色变浅和斑驳着色不良两种类型。在日光温室栽培中,多发生半面着色不良果。

(2)发生原因　茄子果实颜色由花青苷系列的色素形成,果实着色过程中需接受 320～370 微米的紫外线充分照射。在日光温室等保护地栽培中,由于薄膜的遮盖,使花青素的形成受到影响。若茄子坐果后遇持续阴雨天气,或果实被叶遮挡,均会着色不良。在弱光条件下,遇高温干旱或营养不良会加重着色不良果的发生。

(3)防治措施　①尽量选择透光性好的薄膜覆盖温室,定期清除覆盖物上的灰尘,及时清理棚膜上的水珠,以增强透光度。尽量早揭晚盖草苫,延长光照时间,必要时可采取人工补光。②合理密植,适当整枝,及时抹去多余腋芽。随着果实的采收,摘除下部老叶、病叶,改善通风透光条件。③坐果后清除附在果实上的花瓣,既有利于果实着色,又可预防灰霉病的发生。

## 86.如何防止茄子发生乌皮果?

(1)主要症状　乌皮果又称素皮茄子。乌皮果果皮颜色不鲜明,无光泽,呈木炭状。一般从果实顶端开始发乌,严重时整个果面失去光泽。乌皮果的果皮弹性不好,果实含水率比正常果低,有些果实变短呈灯泡形,失去商品价值。

(2)发生原因　主要是由于水分不足而发生乌皮果。如果实膨大期缺水,则影响果皮细胞正常发育,使表皮变厚,果面不平滑,看起来发乌。此外,叶片大、生长发育旺盛的植株在高温干燥时也会增加乌皮果的发生率。越冬栽培的茄子在4月份以后,中午高温时大量通风,也容易发生乌皮果。幼果基本无乌皮现象,一般在开花15天以后果实才会部分发乌。收获期易发生全乌果。

(3)防治措施　①合理灌溉。缓苗期至采收初期应适当控水,防止徒长,开始采收前要适当加大灌水量,以提高茄子的产量和品质。②深翻土地,增施有机肥,以促进根系生长,使植株茂盛生长。③采用嫁接育苗技术,扩大根系分布范围,减少病虫害的发生。

## 87. 如何识别和防治辣(甜)椒缺氮症?

(1)主要症状　植株发育不良,叶片黄化,黄化从叶脉间扩展到全叶;从下部叶向上部叶扩展,整个植株较矮小。开花节位上升,出现靠近顶端开花现象。生长初期缺氮,基本上停止生长。严重时会出现落花落果现象。

(2)发生原因　参考番茄缺氮症。

(3)诊断要点　参考番茄缺氮症。

(4)防治措施　施用氮肥,温度低时以施用硝态氮化肥为好;施用新鲜的有机物(作物秸秆或有机肥)做基肥时,要增施氮素化肥或施用完全腐熟的堆肥。应急措施是,及时追施氮肥,每 667 平方米可施尿素 7.5~10 千克,或用 1%~2%尿素溶液做叶面喷肥,每隔 7 天左右喷 1 次,共喷 2~3 次。

## 88. 如何识别和防治辣(甜)椒缺磷症?

(1)主要症状　生长初期植株生长缓慢,但没有黄化现象;生长中、后期叶表现为叶色浓绿,表面不平整,植株下部叶片的叶脉发红;易形成短柱花,结果晚,果实小,成熟晚,产量低。有时绿色果面上出现紫色斑块,斑块没有固定的形状,大小不一。单果上的紫斑果少则一块,多则几块。严重时,甚至半个果实表面布满紫斑。

(2)发生原因　参考番茄缺磷症。

(3)诊断要点　参考番茄缺磷症。

(4)防治措施　土壤缺磷时,增施磷肥;施用足够的堆肥等有机质肥料。应及时追施磷肥,每 667 平方米可施过磷酸钙 10~15 千克,或用 2%~4%的过磷酸钙溶液做叶面喷肥,每隔 7 天左右喷 1 次,共喷 2~3 次。

## 89. 如何识别和防治辣(甜)椒缺钾症?

(1)主要症状　生育初期失绿,由叶缘开始发生,以后向叶肉扩展。在生育旺盛期靠近中部叶的叶尖端开始变淡呈黄绿色,严重时下部叶变黄枯死,大量落叶,果实畸形,膨大受阻,坐果率低,产量下降。

(2)发生原因　参考番茄缺钾症。

(3)诊断要点　参考番茄缺钾症。

(4)防治措施　施用足够的钾肥做基肥。出现缺钾症状时,应立即追施硫酸钾等速效肥,也可对叶面喷施 $1\% \sim 2\%$ 磷酸二氢钾溶液 $2 \sim 3$ 次。

## 90. 如何识别和防治辣(甜)椒缺钙症?

(1)主要症状　顶部叶生长不正,下部叶正常。距生长点近的幼叶周围变为褐色,有部分枯死,也有部分叶片中肋突起,果实易发生脐腐。

(2)发生原因　参考番茄缺钙症。

(3)诊断要点　参考番茄缺钙症。

(4)防治措施　①增施有机肥,控制化肥用量。②对于盐分较高的日光温室、大棚土壤或早春随着气温升高而导致表层聚盐的土壤,要及时灌水洗盐,并要保持土壤湿润,以增强辣(甜)椒对钙的吸收。③对于供钙不足的日光温室、大棚土壤,可以适量施石灰、石膏等含钙肥料。对因土壤溶液浓度过高而引起根系吸收障碍的,可喷施 $0.3\% \sim 0.5\%$ 氯化钙和硝酸钙肥料溶液,一般每隔 7 天左右喷 1 次,连喷 $2 \sim 3$ 次。

## 91. 如何识别和防治辣(甜)椒缺镁症?

(1)主要症状 一般是从下部叶开始发生,在果实膨大盛期靠果实近的叶片先发生。开始是叶片灰绿,叶脉间从淡黄化到变成黄色。黄化先是从叶中部开始,以后慢慢扩展到整个叶片,但有时叶缘仍为绿色。一株辣(甜)椒上所结的果实越多,缺镁现象越严重,导致植株矮小,坐果率低。一旦缺镁,光合作用下降,产量低。

(2)发生原因 ①土壤本身缺镁,造成土壤供镁不足。②气候条件造成缺镁。在保护地栽培条件下,主要是干旱和强光造成缺镁。干旱可减少辣(甜)椒植株对镁的吸收。夏季强光会加重缺镁症,可能是强光破坏了叶绿素,导致叶片褪绿加速。③施肥不当。过量施用钾肥和铵态氮肥时,会诱发缺镁,因为过量的钾、铵离子破坏了养分的平衡,抑制了植株对镁的吸收。近年来,过量冲施高钾高氮肥也是造成缺镁的原因之一。

(3)诊断要点 参考番茄缺镁症。

(4)防治措施 ①及时灌溉,保持土壤湿润,以减轻土壤盐分浓度高对镁吸收的影响。②每667平方米施用硫酸镁等镁肥10～20千克。酸性土壤最好施用镁石灰,每667平方米施用量为50～100千克。③控制氮、钾肥用量。对供镁能力差的土壤,要防止过量的氮肥和钾肥对镁吸收的影响。在保护地内施氮、钾肥,最好采用少量多次的施肥方式。④用1%～2%硫酸镁溶液在症状激化前喷洒,每隔5～7天喷1次,共喷3～5次。

## 92. 如何识别和防治辣(甜)椒缺硼症?

(1)主要症状  辣(甜)椒缺硼时,叶色发黄,心叶生长慢,植株呈萎缩状态,叶柄和叶脉硬化易折断,上部叶扭曲畸形,茎内侧有褐色木栓状龟裂。根木质部变黑腐烂,根系生长差,花期延迟,并造成花而不实,花蕾易脱落,影响产量。果实表面有木栓状龟裂,易出根毛。

(2)发生原因  参考番茄缺硼症。

(3)诊断要点  参考番茄缺硼症。

(4)防治措施  ①选用硼砂做基肥,每 667 平方米用量为 0.5～2 千克。喷施一般用 0.1%～0.2% 硼砂或硼酸溶液。②增施有机肥料,防止施氮过量。有机肥料全硼含量为 20～30 毫克/千克,施入土壤后能提高土壤供硼水平。同时,要控制氮肥用量,以免抑制硼的吸收。③土壤过于干燥要及时灌水,保持湿润,以增加对硼的吸收。

## 93. 如何识别和防治辣(甜)椒缺铁症?

(1)主要症状  新叶除叶脉外都变成淡绿色,在腋芽上也长出叶脉间淡绿色的叶。下部叶发生的少,往往发生在新叶上。

(2)发生原因  参考番茄缺铁症。

(3)诊断要点  参考番茄缺铁症。

(4)防治措施  当 pH 达到 6.5～6.7 时,要禁止使用碱性肥料而改用生理酸性肥料。当土壤中磷过多时可采用深耕、客土等方法降低其含量。如果缺铁症状已经出现,应急方法是,用 0.05%～0.1% 硫酸亚铁溶液或柠檬酸铁 100 毫克/升溶液对辣(甜)椒喷施,5～7 天喷 1 次,共喷 2～3 次。

## 94. 如何识别和防治辣(甜)椒缺锌症?

(1)主要症状　从中部叶开始褪色,与健康叶比较,叶脉清晰可见;随着叶脉间逐渐褪色,叶缘从黄化变成褐色;因叶缘枯死,叶片向外侧稍微卷曲或皱缩;生长点附近的节间缩短,小叶丛生。

(2)发生原因　参考番茄缺锌症。

(3)诊断要点　参考番茄缺锌症。

(4)防治措施　辣(甜)椒缺锌可通过施用锌肥解决。目前常用的锌肥主要有硫酸锌、氧化锌、氯化锌、络合锌等。其施用方法有三种:①做基肥用。一般每667平方米用1~2千克,与有机肥或生理酸性肥混匀施用效果好。注意锌肥不宜与磷肥混合施用,因磷和锌有拮抗作用,混用会降低各自的肥效。锌肥有后效,不必年年施用,一般2~3年施一次即可。②做种肥用。有拌种、浸种、蘸种3种方法。拌种一般每千克种子用硫酸锌2~3克,溶于水后将溶液和种子拌匀,晒干后即可播种。浸种一般用0.05%~0.15%硫酸锌溶液与种子重量的比例为1:3浸种12~14小时。蘸根是在辣(甜)椒移栽定植时,将根部在1%氧化锌悬浮液中蘸一下即栽植,这是一种经济有效且增产效果较好的施用方法。③做追肥用。可将锌肥直接施入土壤,也可进行叶面喷施。土壤追施一般每667平方米用硫酸锌1~2千克,集中条施或穴施在根系附近,可提高锌肥的利用率,有利于根系吸收。叶面喷洒是常用的追肥方法,可用0.1%~0.5%硫酸锌溶液。此法见效快,可在辣(甜)椒生长发育的各个阶段施用,但要注意调节溶液为pH 7左右,并保证溶液在叶片表面有良好的附着性和30分钟以上的湿润时间,选择在16时后特别是傍晚喷施为好。

## 95. 辣(甜)椒出现勺状心叶
## 是什么原因？如何防治？

(1)主要症状　下部叶软化、皱缩、黄化,心叶叶缘上卷呈勺状,系缺铜症。

(2)发病原因　老龄日光温室因缺铜严重,施氮、磷肥过重,抑制铜的吸收。

(3)防治措施　育苗时,用硫酸铜或铜制品500倍液浇灌;定植时,每667平方米追施硫酸铜2~4千克,既可防治根腐病,又能刺激辣(甜)椒生长,同时还能防止缺铜引起的勺状心叶,促使辣(甜)椒长势旺,色泽鲜艳,产量高。

## 96. 如何识别和防治辣(甜)椒缺锰症?

(1)主要症状　沿上部叶叶脉仍绿,叶脉间浅绿色且有细小棕色斑点,叶缘仍保持绿色。严重时叶片均呈黄白色,同时植株茎秆变短、细弱,花芽常呈黄色。

(2)发生原因　参考番茄缺锰症。

(3)诊断要点　参考番茄缺锰症。

(4)防治措施　增施有机肥,科学施用化肥,宜注意全面混合施或分施,勿使肥料在土壤中呈高浓度。应急方法是,用0.2%硫酸锰溶液做叶面喷施。

## 97. 如何防治辣(甜)椒氨气中毒?

(1)主要症状　幼苗受害时,叶片四周因有水而中毒,叶片四周由水浸状变黑色而枯死。成株受害时,叶边缘褪绿变白干枯,或全株突然萎蔫。新叶一般不会受害。

(2)发生原因　施用过量未腐熟的农家肥或施入过多的

尿素、碳酸铵等易挥发的氮肥,造成氨气聚集,或施氮肥时离根系过近,根系周围土壤浓度大,导致辣(甜)椒无法吸水而中毒。

(3)防治措施　①安全施肥。日光温室等保护地栽培辣(甜)椒施基肥或追肥时,应注意如下几点:一是施用有机肥做基肥的,一定要充分腐熟;二是化肥和有机肥只能深施,不能在地面撒施;三是施肥不能过量,特别是追肥宜少量多次追施;四是适墒施肥,或施后灌水,使肥料能及时分解释放。②排放氨气。选用 pH 试纸,测定棚膜上水珠的 pH,当 pH 在8.2 以上时应及时放风排气。③及时抢救。日光温室等保护地栽培辣(甜)椒出现氨气中毒症状时,要及时采取措施抢救:除放风排气外,一是快速灌水,降低土壤肥料溶液浓度;二是根外喷施惠满丰等活性液肥,以平衡植株体内和土壤的酸碱度;三是在植株叶片背面喷施 1% 食用醋,可以减轻或缓解危害。

## 98. 辣(甜)椒苗徒长是什么原因? 如何防治?

(1)主要症状　徒长是苗期常见的生长发育异常的现象。徒长苗缺乏抗御自然灾害的能力,极易遭受病菌侵染,同时延缓发育,使花芽分化及开花期后延,容易造成落蕾、落花和落果。定植后缓苗差,最终导致减产。幼苗茎秆细高,节间拉长,茎色黄绿,叶片质地松软,叶片变薄,色泽黄绿,根系细弱。

(2)发生原因　晴天苗床通风不及时,床温偏高,湿度过大,播种密度和定苗密度过大,氮肥施用过量,磷、钾肥不足,是形成徒长苗的主要原因。此外,持续阴雨天而光照不足,也是原因之一。

(3)防治措施　根据幼苗各生育阶段的特点及其温度因

素,及时做好通风工作,尤其在晴天中午更应注意。苗床湿度过大时,除加强通风排湿外,可在育苗初期向床内撒细干土;依苗龄变化,适时做好间苗定苗,以避免相互拥挤;光照不足时,宜延长揭膜见光时间;少浇水,适当蹲苗:一般暖冬天气,晴天偏多,床土容易干燥,浇水的机会自然偏多,但这样极易导致秧苗徒长而过嫩。为了防止秧苗徒长,要求床土不干不浇水,即使床土干燥,也要延迟浇水,拉大浇水的间隔天数,即使是连续晴天也只浇1次透水即可;遇到叶片有轻度萎蔫,可等到傍晚时用喷雾器喷水。只要不是重度萎蔫,切忌在中午高温时喷水,这样会使秧苗更加柔嫩,抗逆性更低;如有徒长现象,可用200毫克/升矮壮素溶液进行叶面喷雾,苗期喷施2次,可控制徒长,增加茎粗,并促根系发育。矮壮素喷雾宜在早晚进行,喷后可适当通风,切不可喷后1~2天内向苗床浇水。

## 99. 甜椒果实向阳面呈灰白色或微黄色是什么原因?如何防治?

(1)主要症状　阳光灼伤果实表皮细胞,引起水分代谢失调,造成果实向阳面呈灰白色或微黄色,称为日灼病,属生理性病害。

(2)发生原因　①引起日灼的根本原因是叶片遮荫不好或植株株型不好。②土壤缺水,天气过于干热,雨后暴晴,土壤黏重,低洼积水等均可引起。③植株因水分蒸腾不平衡,引起生理性干旱等因素均可诱发日灼。④在病毒病发生较重的田块,因疫病等引起死株较多的地块,过度稀植等,日灼病尤为严重。⑤钙素在甜椒水分代谢中起重要作用。土壤中钙质淋溶损失较大,施氮过多,引起钙质吸收障碍等生理因素,也和日灼病的发生有一定的关系。

(3)防治措施　①合理灌水。结果盛期过后，应小水勤灌，宜上午浇水，避免下午浇水。特别是黏性土壤，应防止浇水过多而造成缺氧性干旱。②根外施肥。结果期喷施0.1%硝酸钙溶液，或硫酸铜1 000倍液，或硫酸钠1 000倍液，每10天左右施1次，连施2～3次。③越夏栽培时可用黑色遮阳网，以减弱强光。

## 100．甜椒果实蒂腐是什么原因？如何防治？

(1)主要症状　甜椒在生长发育的盛期常发生蒂腐果，在甜椒果实脐部附近发生，沿筋向上扩展，导致果实表皮发黑，逐渐呈水浸状病斑，边缘呈褐色，病斑中部呈革质化，扁平状。线尖椒多发生在脐下部，致使果实弯曲；甜椒每条筋染病后连成片向果柄处扩展。有的果实在病健交界处开始变红，提前成熟。

(2)发生原因　甜椒蒂腐果与番茄蒂腐果一样，都是缺钙引起的。高温、干燥、多肥、多钾等均会使钙的吸收受到阻抑，产生蒂腐果。植株生长虽能吸收到充足的钙，但如果植株营养生长过旺，钙都被分配到叶芽中，果实中只分配到少量的钙，在这种情况下也会产生蒂腐病。该病的发生有以下3个原因：①土壤水分供应失调。土壤水分经常处于激烈的变动状态，生长期植株对水分和养分的需求量不是很大，无明显症状。进入结果期，外界气温明显升高，连续数天的干燥，使叶片蒸腾加剧，且果实迅速膨大需要大量的水分和养分，这时水分和养分的供应失调致使果实脐部周围细胞生理紊乱，组织发生病变。这是初夏甜椒发生大量蒂腐果的主要原因。②土壤中钙素含量不足。定植时有机肥不足，同时未施钙肥，只注重生长期偏施氮肥,导致生长后期从土壤中吸收的钙素不能满足果实发育的需要。从钙在植物体内的生理作用考虑,钙能促进硝态氮的吸收和利用,在植株体内形成蛋白质;能中和呼吸作用形成的有机酸;能加强细胞间结合。如植株缺钙,将导致果实脐部周围细胞生理紊乱。③土壤干旱将影响钙素吸收。土壤中含钙充足,同时氮素营养也能保持相对平衡,但由于土壤干旱影响了根系对钙的吸收,因而导致植株暂时性缺钙。从钙的吸收分配情况考虑,植株根系吸收的水分向上部运输不仅依靠叶片的蒸腾作用,而且还要依靠植株根压引起的溢流作用。果实几乎不进行蒸腾作用,植株根系吸收的钙由于蒸腾作用而移动,首先集中在老叶,其次是嫩叶、顶芽,最后进入果实,进入果实顶部的钙量很少,果实中钙的含量大约只有叶片的1/10。

(3)防治措施　土壤要适于根系的发育,扎根深,能很好地吸收钙;多施有机肥,使钙处于容易被吸收的状态;定植甜椒时,带坨移植,不伤根,可避免影响水分和养分的吸收;适时摘心,促进生殖生长,避免植株徒长,使钙更多转入果实内;植株不要留果过多,以避免果实之间对钙的竞争;果实膨大期为防止土壤温度过高,可在地面铺麦(稻)秸或覆盖塑料薄膜;进入结果期后,每7天喷1次0.1%~0.3%氯化钙或硝酸钙溶液,连喷2~3次。也可连续喷施绿芬威3号等含钙的叶面肥。

## 101. 甜椒石果是什么原因? 如何防治?

(1)主要症状　早期呈小柿饼状,后期果实呈草莓形。皮厚肉硬,柄长,果内无籽或少籽,果实不膨大。

(2)发生原因　①形成僵果主要是花芽分化期,即播种后

35 天左右,植株受干旱、病害、温度(13℃以下和35℃以上)影响,雌蕊由于营养供应失衡而形成短柱头花,花粉不能正常生长和散发,雌蕊不能正常授粉受精,即生成单性果。这种果缺乏生长刺激素,影响了对锌、硼、钾等果实膨大元素的吸收,故果实不膨大,久之成为石果。②日光温室栽培的甜椒,短花柱花单性结实产生石果。种子少的果实,同化养分的分配少而形成石果。柿子型甜椒发生石果较多。植株上连续结石果,会使植株生长势变弱。③长花柱花的正常花,在温度过低时,花药不能开放,不能受精,会形成石果。

(3)防治措施　要想减少石果的发生,就需要有发育良好的花芽,使其受精良好。花芽分化期和授粉受精期棚室温度白天严格控制在 23℃～30℃,夜间 18℃～15℃,地温 17℃～26℃,土壤含水量相当于持水量的 55%,光照 1.5 万～3 万勒,pH 5.6～6.8;加强田间管理,使植株能进行旺盛的同化作用,同时夜间温度一定要保持在 15℃以上。

## 102. 辣椒见光闪秧是什么原因？如何防治？

(1)主要症状　连阴天后放晴,中午高温通风后叶片凋萎,叶肉褪绿,正面呈黄绿色花叶,背面无明显症状。

(2)发病原因　辣椒根茎木质化程度高,组织细密,水分养分渗透压小,不耐旱;连阴天时根系萎缩,放晴后吸收力弱,光强温高植株蒸腾量大,大通风造成脱水,引起缺钙、硼、锰、铁等原因,均可发生闪秧。

(3)防治措施　阴天应揭开草苫让苗见光;阴天转晴,光照强烈时,盖部分草苫形成花阴影,使植株慢慢适应后,逐渐增加见光量和强度;出现叶凋后,及时遮阳降温,切勿揭膜通风,先喷清水,后喷多元素营养液解症。

## 103. 辣椒皱叶是什么原因？如何防治？

(1)主要症状  叶面鲜绿发黄,心叶生长慢,叶缘上卷,叶肉凸起,叶脉下凹,皱缩不平;根的木质部变黑;花期延迟,花而不实。

(2)发病原因  夜间温度过低(15℃以下)引起的缺硼症,也可能是钾肥施用过量,抑制了植株对硼的吸收。

(3)防治措施  白天在叶面上喷硼砂700倍液或含硼多元素肥;将前半夜室温尽可能提高到20℃,下半夜保持在15℃,使光合作用产物及营养正常运转,经2~3天叶片即可恢复平展。

## 104. 辣椒落叶落蕾是什么原因？如何防治？

(1)主要症状  下部叶脉间黄化,由褐黄色变为米黄色而脱落,花蕾和幼果因营养不足随之脱落。

(2)发病原因  ①缺磷。磷素是关系到花芽分化好坏的重要元素,早期缺磷会引起花蕾发育不良,导致开花后自落。②缺钾。辣椒生育初期对钾的吸收量少,坐果期增大,而钾是16种营养素中最活跃的元素,土壤缺钾或供钾不足会引起落叶落蕾。③冬、春季生产,温度太低,如果气温低于15℃,地温低于5℃,辣椒根系将停止生长,容易产生落叶落蕾;初夏生产中保护地内温度超过35℃,地温超过30℃,高温干旱,授粉不良,根系发育不好,容易造成落蕾。因此,夏季必须注意降温。

(3)防治措施  ①环境调控。冬、春注意提高地温,保持气温15℃和地温在18℃以上。夏季注意降温,气温不要超过30℃。②水肥管理。苗期至花蕾期要着重在叶面上喷施磷酸二氢钾、绿丰宝或光合微肥，以补充磷、钾元素。

## 105. 辣椒苗期沤根是什么原因？如何防治？

(1)主要症状　沤根不是病理性病害，而是一种生理性病害。几乎所有蔬菜幼苗均可受其害。发生沤根的辣椒幼苗，长时间不发新根，不定根少或完全没有，原有根皮发黄呈锈褐色，逐渐腐烂。沤根初期，幼苗叶片变薄，阳光照射后白天萎蔫，叶缘焦枯，整株逐渐枯死；病苗极易从土中拔起。

(2)发生原因　沤根多发生在幼苗发育前期。辣椒苗发生沤根的主要原因是苗床土壤湿度过高，或遇连续阴雨雪天气，床温长时间低于 12℃，光照不足，土壤过湿缺氧，妨碍根系正常发育，甚至超越根系耐受限度，使根系逐渐变褐死亡。

(3)防治措施　防治沤根应从育苗管理抓起，宜选地势高、排水良好、背风向阳的地段做苗床地，床土需增施有机肥兼配磷、钾肥。出苗后注意天气变化，做好通风换气，可撒干细土或草木灰，以降低床内湿度；同时注意做好保温工作，可用双层塑料薄膜覆盖，夜间可加盖草苫。如条件许可，可采用地热线、营养盘、营养钵、营养块等方式培育壮苗。

## 106. 辣椒苗期烧根是什么原因？如何防治？

(1)主要症状　叶片表现为均匀的黄化，系因栽培技术不良而人为造成的生理性病害。

(2)发生原因　烧根现象多发生在幼苗出土期和幼苗出土后的一段时间，多与床土肥料种类、性质、多少关系密切，有时也与床土水分和播后覆土厚度有关。如苗床培养土中施肥过多，肥料浓度高则易产生生理干旱性烧根；如施入未腐熟的有机肥，经灌水和覆膜，土温骤增，促使有机肥发酵，产生大量热量,使根际土温剧增,也易导致烧根;若施肥、灌水不均,畦面凸凹不平,也会出现局部烧根;若播后覆土太薄,种子发芽生根后床温过高,表土干燥,也易形成烧根或烧芽。

(3)防治措施　苗床应施用充分腐熟的有机肥,氮肥使用不得过量,应适当少施灰肥。肥料施入床内后要同床土掺和均匀,整平畦面,使床土虚实一致,并灌足底水。播后覆土要适宜,消除土壤烧根因素。出苗后宜选择晴天中午及时浇清水,稀释土壤溶液浓度,随后覆盖细土,封闭苗床,中午注意苗床遮荫,促使增生新根。

## 107. 辣椒烧苗是什么原因? 如何防治?

(1)主要症状　烧苗是一种高温生理病害,烧苗现象发生快、受害重,几小时之内可造成整床幼苗骤然死亡,损失惨重。烧苗之初,幼叶出现萎蔫,幼苗变软、弯曲,进而整株叶片萎蔫,幼茎下垂,随着高温时间的延长,根系受害,最后整株死亡。

(2)发生原因　多发生在气温多变的育苗管理中期,因前期气温低,后期白天全揭膜,一般不易发生烧苗。高温是发生烧苗的主要原因,尤其是幼苗生长的中期,晴天中午若不及时揭膜,实施通风降温,温度会迅速上升,当床温高达40℃以上时,容易产生烧苗现象。烧苗还与苗床湿度有关。苗床湿度大,则烧苗轻;湿度小,则烧苗重。

(3)防治措施　注意收听天气预报,晴天要适时适量做好苗床通风管理,使床温白天保持在20℃~25℃。若刚发生烧苗,应及时对苗床遮荫,待高温过后床温降至适温时可逐渐通风。也可适量从苗床一端闭膜浇水,夜间揭除遮荫物,翌日再行正常通风。

## 108. 辣椒闪苗是什么原因？如何防治？

(1)主要症状　闪苗是由于苗床管理不善，尤其是通风不良造成幼苗生长环境突变而引起的一种生理失衡的病变。它可在整个幼苗覆盖生长期发生，尤以缺乏育苗经验和技术的情况下最易发生此种现象。揭膜之后，幼苗很快发生萎蔫现象，继而叶缘上卷，叶片局部或全部变白干枯，但茎部尚好，严重时也会造成幼苗整株干枯死亡。因闪苗现象是在揭膜后不久发生的，似乎一闪即伤，故称"闪苗"。

(2)发生原因　当苗床内外温差较大，如床温超过30℃以上时，猛然大量通风，空气流动加速，引起叶片蒸发量剧增，失水过多，将形成生理性干枯。同时因冷风进入床内，幼苗在较高的温度下骤遇冷流，也会很快产生叶片萎蔫现象，进而干枯，亦称"冷风闪苗"或"冷闪"。

(3)防治措施　注意及时通风，当床温上升到20℃时，要适时准确掌握通风量，一般随着气温升高，通风量宜由小渐大，通风口由小增大。通风量的大小应使苗床温度保持在幼苗生长适宜范围以内为度，并应准确选择通风口的方位，使通风口在背风一面。

## 109. 辣椒成为小老苗是什么原因？如何防治？

(1)主要症状　小老苗又称僵苗，是苗床土壤管理不良和苗床结构不合理造成的一种生理障害。幼苗生长发育迟缓，苗株瘦弱，叶片黄小，茎秆细硬，并呈紫色，虽然苗龄不大，但如同老苗一样，故称小老苗。

(2)发生原因　苗床土壤施肥不足，肥力低下(尤其缺乏氮肥)、土壤干旱以及土壤质地黏重等不良栽培因素，是形成僵苗的主要原因。此外,透气性好,但保水保肥很差的土壤,如砂壤土育苗,更易形成小老苗。如果育苗床上的拱棚低矮,也易形成小老苗。

(3)防治措施　宜选择保水保肥力好的壤土作为育苗场地。配制床土时,既要施足腐熟的有机肥料,也要施足幼苗发育所需的氮、磷、钾营养,尤其要施足氮素肥料;灌足浇透底墒水,适时巧浇苗期水,使苗床土壤持水量保持在 70%~80%。

## 110.日光温室甜椒为什么会"空秧"? 有何对策?

(1)主要症状　植株长势旺盛,但植株上下不结果实或结果很少。

(2)发生原因　日光温室一个显著的环境特点是棚室内温度比露地高,湿度也大,致使花粉粒难以从花粉囊中飞散出来,影响授粉受精,植株落花落果率较高。适于甜椒生长的空气相对湿度为 50%~60%,土壤相对湿度为 80%左右。若空气相对湿度经常高于 50%~60%,容易引起植株徒长,导致落花落果。在日光温室内栽培甜椒,第一个门椒往往坐不住,一般也是由于高温高湿所致。一旦第一个果坐不住,养分集中到枝条和叶片的生长中去,更加剧了植株的徒长,此时如管理不当,可全株不结一果,形成"空秧"。

(3)防治措施　甜椒定植后,为促进缓苗,5~6 天内要密闭温室不通风,使棚温维持在 30℃~35℃,以加速缓苗。缓苗后要开始通风,将棚温降至 28℃~30℃。如高于 30℃就要加强放风降温,以提高坐果率和防止"空秧"形成。第一果膨大前的管理要点是前期防低温,后期防高温多湿,注意维持较高地温,以促进根系生长和植株健壮,防止徒长。进入开花结果期,白天气温继续保持在 20℃~25℃,夜间在 15℃~17℃,

空气相对湿度为 50%～60%，须有较大的通风量和较长的通风时间。通风适宜，则植株生长矮壮、节间短，坐果也多。生产中常发现温室前后比中部的植株坐果率高，其原因就是温室前后通风条件较好。所以，甜椒一开始开花坐果，就要放顶风或底风；夜间外界最低温度不低于 15℃时，昼夜都要通风。进入 6 月上旬，外界气温渐高，夜间最低气温超过 15℃，这时通过放风也很难把棚温降下来，可将棚前裙膜完全卷起来，使棚室内甜椒如同处于露地。

## 111. 如何识别与防治黄瓜缺氮症？

(1)主要症状　①从下部叶到上部叶逐渐变小、变薄、变黄。因为作物体内的氮素化合物有高度的移动性，能从老叶转移到幼叶，所以缺氮症状通常先从老叶开始，逐渐扩展到上部幼叶。②开始叶脉间黄化，叶脉凸出可见。最后全叶变黄，且黄化均匀，不表现斑点状。③花小，坐果少，瓜果生长发育不良，果实表现为"尖嘴瓜"，且颜色变淡。④缺氮严重时，整个植株黄化，不能坐果。⑤土壤缺氮时，如果钾素又供应不足，黄瓜表现为蔓细叶小，叶缘失绿，果实不能正常膨大，或出现化果。

(2)发生原因　①土壤本身含氮量低。②土壤有机质含量低，有机肥施用量低，造成土壤供氮不足。③种植前施大量未腐熟的作物秸秆或有机肥，碳素多，其分解时夺取土壤中的氮素。④土壤板结，可溶性盐含量高，黄瓜根系活力减弱，吸氮量减少，也容易表现出缺氮症状。⑤结果量多，需要吸收充足的氮但追肥不及时。

(3)诊断要点　①观察植株从上部叶还是从下部叶开始黄化，如果从下部叶开始黄化则是缺氮。②注意茎蔓的粗细，一般缺氮则茎蔓较细。③定植前施用未腐熟的作物秸秆或有机肥,短时间内会引起缺氮。④下部叶叶缘急剧黄化,则为缺钾;叶缘部分残留有绿色,则为缺镁。叶螨为害,则呈斑点状失绿。

(4)防治措施 ①施用新鲜的有机物做基肥,要增施氮肥。②施用完全腐熟的堆肥,要深施。③土壤板结时,可多施一些微生物肥。④应急措施:可追施速效氮肥,每 667 平方米施纯氮 5~6 千克,将其溶解在灌溉水中施入土中。也可叶面喷施 0.2%~0.5%尿素溶液。

## 112. 如何识别与防治黄瓜缺磷症?

(1)主要症状 ①植株生长受阻,茎短而细,矮化;叶片小,叶色浓绿,叶片发硬,稍微向上挺;老叶有明显的暗红色斑块,有时斑点变褐色,下位叶片易脱落。②须根发育不良。③果实小,成熟晚。

(2)发生原因 ①土壤含磷量低。②堆肥、磷肥用量少易发生缺磷症。③地温常常影响对磷的吸收。地温低,对磷的吸收就少,日光温室等保护地冬、春或早春地温较低,易发生缺磷。④多年连作的酸性土壤容易缺磷。如土壤为酸性,磷变为不溶性,虽土中有磷酸的存在也不能被吸收。

(3)诊断要点 注意症状出现的时期,由于温度低,即使土壤中磷素充足,也难以吸收充足的磷素,因而易出现缺磷症。在生育初期,叶色为浓绿色,后期出现褐斑。

(4)防治措施 ①黄瓜是对缺磷非常敏感的作物。土壤缺磷时,除了施用磷肥外,预先要培肥土壤。②苗期特别需要磷,应注意增施磷肥。③施用充足的堆肥等有机质肥料。施用堆肥后,磷酸根离子不会直接与土壤接触,可减少被铁或铝所结合的机会,对磷的吸收很有利。④防止土壤发生酸化。对于酸性土壤,应适度改良土壤酸度,以提高肥效。⑤应急措施:叶面喷施 0.2%～0.3%磷酸二氢钾溶液。

## 113．如何识别与防治黄瓜缺钾症？

(1)主要症状　①在黄瓜生长早期,叶片小,叶片青铜色,叶缘出现轻微的黄化。在次序上先是叶缘黄化,然后是叶脉间黄化,顺序十分明显。②在生育的中、后期,中部叶附近出现和上述相同的症状。③叶缘枯死,随着叶片的不断生长,叶向外侧卷曲,严重时叶缘呈烧焦状干枯。④叶片稍有硬化。⑤瓜膨大伸长受阻,出现畸形果多,容易形成尖嘴瓜或大肚子瓜。

(2)发生原因　①土壤中含钾量低,施用堆肥等有机质肥料和钾肥少,易出现缺钾症。②地温低,日照不足,过湿,施铵态氮肥过多等条件阻碍对钾的吸收。

(3)诊断要点　①注意叶片发生症状的位置,如果是下部叶和中部叶出现症状,则可能缺钾。②生育初期,因温度低进行覆盖栽培时,产生的气体障害有类似的症状,要注意区别。③同样的症状,如出现在上部叶,则可能是缺钙。④如畸形果多(如大肚瓜等),则可能是缺钾。

(4)防治措施　①施用足够的钾肥,特别是在生育的中、后期不能缺钾。②施用充足的堆肥等有机质肥料。③如果钾不足,每 667 平方米可追施硫酸钾 15～20 千克。④应急措施是,叶面喷施 0.2%～0.3%磷酸二氢钾溶液或 1%草木灰浸出液。

## 114. 如何识别与防治黄瓜缺钙症?

（1）**主要症状** ①上部叶稍小，向内侧或向外侧卷曲。②长时间连续低温、日照不足，骤晴，高温，生长点附近的叶片叶缘卷曲枯死，呈降落伞状。③上部叶的叶脉间黄化，叶片变小。在叶片出现症状的同时，根部枯死。④严重缺钙时，叶柄变脆，易脱落，植株从上部开始死亡，死亡组织呈灰褐色。⑤缺钙时的花比正常花小，果实小，风味差。

（2）**发生原因** ①土壤一般不缺钙，但在多肥、多钾、多氮的情况下，钙的吸收受到阻碍，或遇有连阴天，地温低，根的吸水受到抑制；再遇晴天，钙的吸收不充足时，都可能发生缺钙症状。②空气相对湿度小，蒸发快，补水不足时易产生缺钙。③多年不施钙肥，土壤本身缺钙。

（3）**诊断要点** ①仔细观察生长点附近的叶片黄化状况，如果叶脉不黄化，呈花叶状，则可能是病毒病。②如生长点附近萎缩，可能是缺硼。但缺硼突然出现萎缩症状的情况少，而且缺硼时果实会出现细腰状，叶片扭曲。这一点可以区分是缺钙还是缺硼。

（4）**防治措施** ①土壤钙不足，可施用含钙肥料（如硅、钙肥）。②施用农家肥，增加腐殖质含量，缓冲钙波动的影响。③平衡施肥，避免一次性施用大量钾肥和氮肥。④要适时浇水，保证水分充足。⑤采用日光温室等保护地栽培，在深冬和早春期要注意保温。⑥应急措施是，用0.3%氯化钙溶液喷洒叶面。

## 115. 如何识别与防治黄瓜缺镁症?

（1）**主要症状** 黄瓜在生长发育过程中，生育期提前，果实开始膨大并进入盛期的时候,下部叶叶脉间的绿色渐渐地变黄,进一步发展时,除了叶脉、叶缘残留点绿色外,叶脉间全部黄白化。生长后期发生缺镁症状时,叶片上可出现明显的绿环。

(2)发生原因　①土壤本身含镁量低。②钾肥、铵态氮肥用量过多,阻碍了对镁的吸收。尤其是日光温室栽培表现更明显。③结果量大,但没有施用足够的镁肥。

(3)诊断要点　①生育初期至结瓜前,若发生缺绿症,则缺镁的可能性不大,可能是与日光温室等保护地内发生气体障害有关。②缺镁的叶片不卷缩。如果叶片硬化、卷缩,可能是其他原因引起。③认真观察发生缺绿症叶片的背面是否因螨害、病害引起。④缺镁症状与缺钾症状相似,其区别在于缺镁是从叶内侧失绿,缺钾是从叶缘开始失绿。

(4)防治措施　①如土壤缺镁,在栽培前要施用足够的含镁肥料。②避免一次施用过量的阻碍对镁吸收的钾、氮等肥料。③应急对策是,用1%~2%硫酸镁溶液喷洒叶面。每10天喷1次,连喷2次,即可缓解症状。

## 116. 如何识别与防治黄瓜缺硫症?

(1)主要症状　黄瓜缺硫,叶片失绿,呈不规则的斑块,逐渐变成白色斑块而使组织死亡;果实较粗而短,花蒂两端膨大,黄绿相间。

(2)发生原因　①硫铵、硫酸钾、过磷酸钙等肥料含硫较多,栽培中普遍施用这些肥料,所以很少出现缺硫症状。②若长期施用无硫酸根的肥料,有缺硫的可能性。

(3)诊断要点　①黄化叶与缺氮症状相类似,但发生症状的部位不同,上部叶黄化为缺硫,下部叶黄化为缺氮。②上部叶黄化症状与缺铁相似,缺铁时叶脉有明显的绿色,叶脉间逐渐黄化,缺硫时叶脉失绿。③叶片不出现卷缩、叶缘枯死、植株矮小等现象。④叶全部黄化,但黄化呈花叶状时,可能是病毒引起,须认真辨别。

(4)防治措施　施用含硫的肥料,如硫铵、过磷酸钙、硫酸钾、硫酸钾型复合肥等。

## 117. 如何识别与防治黄瓜缺锌症?

(1)主要症状　①从中部叶开始褪色,与健康叶比较,叶脉清晰可见。②随着叶脉间逐渐褪色,叶面上出现小黄斑点,叶缘由黄化变成褐色。③因叶缘枯死,叶片向外侧稍微卷曲。④果实短粗,果皮形成粗绿细白相间的条纹,绿色较浅。⑤缺锌严重时,生长点附近的节间缩短,植株叶片硬化。

(2)发生原因　①光照过强易发生缺锌。②如果植株吸收磷过多,即使也吸收了锌,仍表现缺锌症状。③如土壤碱性高,即使土壤中有足够的锌,但其不溶解,也不能被黄瓜所吸收利用。

(3)诊断要点　①缺锌症与缺钾症类似,叶片均黄化。缺钾时叶缘先黄化,渐渐向内发展;而缺锌是全叶黄化,渐渐向叶缘发展。二者的区别是黄化的先后顺序不同。②缺锌症状严重时,生长点附近节间短缩。

(4)防治措施　①不要过量施用磷肥。②缺锌时,每667平方米施硫酸锌 1.5~2 千克。③应急对策是,用 0.1%~0.3%硫酸锌溶液,或绿芬威 1 号或绿芬威 3 号 800~1 000 倍液喷洒叶面。

## 118. 如何识别与防治黄瓜缺硼症?

(1)主要症状　①生长点附近的节间显著地缩短。②上部叶向外侧卷曲,叶缘部分变褐色。③当仔细观察上部叶叶脉时,可见到萎缩现象。④果实上有污点,果实表皮出现木质化。⑤根系不发达。

(2)发生原因　①在酸性的砂壤土上,一次施用过量的碱性肥料,易发生缺硼症状。②土壤干燥影响对硼的吸收,易发生缺硼。③土壤有机肥施用量少,日光温室土壤碱性高,容易发生缺硼。④施用过多的钾肥,影响对硼的吸收,易发生缺硼。

(3)诊断要点　①根据发生症状叶片的部位来确认,缺硼症状多发生在生长点和上部叶。②叶脉间不出现黄化。③植株生长点附近的叶片萎缩、枯死,其症状与缺钙相类似。但缺钙叶脉间黄化,而缺硼叶脉间不黄化。

(4)防治措施　①土壤缺硼,定植前增施硼肥,每667平方米施用硼砂0.5~1千克。②适时浇水,防止土壤干燥。③多施腐熟有机肥,以提高土壤肥力。④增施磷肥可促进对硼的吸收。⑤应急对策是,用0.12%~0.25%硼砂或硼酸溶液喷洒叶面。

## 119. 如何识别与防治黄瓜缺铁症?

(1)主要症状　①植株新叶除了叶脉全部黄白化外,叶脉也逐渐地失绿;新叶的叶脉间先黄化,逐渐全叶黄化,但叶脉间不出现坏死症状。②腋芽出现与上述相同的症状。③开花结果后,果实生长慢,表皮浅灰绿色,质地发硬,不可食。

(2)发生原因　磷肥施用过量,碱性土壤,土壤中铜、锰过量,土壤过干或过湿,温度低,均易发生缺铁。

(3)诊断要点 ①缺铁的症状是叶片出现黄化,叶缘正常,不停止生长发育。②检测土壤酸碱性。出现上述症状的植株根际土壤呈碱性,有可能是缺铁。③在干燥、多湿等条件下,根的功能下降,吸收铁的能力差,易出现缺铁症状。④植株叶片全叶黄化,则为缺铁症;如果是叶片斑点状黄化或叶缘黄化,则可能是由于其他生理病害所致。

(4)防治措施 ①尽量少用碱性肥料,防止土壤呈碱性,土壤 pH 应为 6~6.5。②注意土壤水分管理,防止土壤过干、过湿。③缺铁土壤每 667 平方米施用硫酸亚铁 2~3 千克做基肥。④应急对策是,用 0.1%~0.5%硫酸亚铁溶液或 100 毫克/千克柠檬酸铁溶液喷洒叶面。

## 120. 如何识别与防治黄瓜氮素过剩症?

(1)主要症状 叶片肥大而浓绿,中下部叶片出现卷曲,叶柄稍微下垂,叶脉间凹凸不平,植株徒长。受害严重时,叶片边缘受到随"吐水"析出的盐分危害,出现不规则黄化斑,并会造成部分叶肉组织坏死。受害特别严重的叶及叶柄萎蔫,植株在数日内枯萎死亡。

(2)发生原因 施用铵态氮肥过多,特别是遇到低温时,把铵态氮肥施入到经消毒的土壤中,使硝化细菌或亚硝化细菌的活动受抑制,铵在土壤中积累的时间过长,引起铵态氮过剩;易分解的有机肥施用量过大;棚室种植年限长,土壤盐渍化等条件,均易引起黄瓜氮素过剩症状。

(3)防治措施 ①实行测土施肥,根据土壤养分含量和黄瓜需要,对氮、磷、钾和其他微量元素实行合理搭配科学施用,尤其不可盲目施用氮肥。在土壤有机质含量达到 2.5%以上的土壤中,应避免每 667 平方米一次性施用超过 5 000 千克的腐熟鸡粪。②在土壤养分含量较高时,提倡以施用腐熟农家肥为主,配合施用氮素化肥。③如同时发现黄瓜缺钾、缺镁症状,应首先分析原因,若因氮素过剩引起缺素症,应以解决氮过剩为主,配合施用所缺肥料。④如发现氮素过剩,在地温高时可加大灌水量予以缓解,喷施适量助壮素,延长光照时间,同时注意防治蚜虫和霜霉病。

## 121. 黄瓜第一片真叶顶端变褐色是什么原因? 如何防治?

(1)主要症状　幼苗第一片真叶顶端变褐色,向内卷曲,逐渐全叶黄化;幼苗生长初期,下部的叶片叶缘黄化;叶片叶缘呈黄白色,而其他部位叶色不变,这是硼过剩的症状。

(2)发生原因　首先要了解前茬作物是否施用较多的硼砂,或是含硼的工业污水流入田间,如果有这种情况,可判定为硼过剩症状。黄瓜植株叶缘黄化的原因还有可能是盐类含量多,或者土壤中钾过剩等,不单是因硼过剩所致。如人工施用硼肥,使下部叶叶缘黄化,症状进一步发展为叶内黄化并脱落,这可能是硼过剩的结果。

(3)防治措施　土壤酸性越大,出现症状就越明显越严重,应该施用石灰质肥料,以提高 pH。在黄瓜作物生长过程中,施用碳酸钙比氢氧化钙更安全。如硼过剩,可以浇大水,通过水溶解硼并淋失带走一部分硼。如果浇大水后,再施用石灰质肥料效果更好。

## 122. 如何识别与防治黄瓜锰素过剩症?

(1)主要症状　下部叶的网状脉首先变褐,随后主脉变褐,沿叶脉的两侧出现褐色斑点;然后逐渐向上部叶发展。

(2)发生原因　土壤酸化,大量的锰离子溶解在土壤溶液中,容易引起黄瓜锰中毒。在使用过量未腐熟的有机肥时,容易使锰的有效性增大,也会发生锰中毒。

(3)防治措施　①土壤中锰的溶解度随着 pH 的降低而增高,所以施用石灰质肥料可以提高土壤酸碱度,从而降低锰的溶解度。②在土壤消毒过程中,由于高温、药剂等的作用,使锰的溶解度加大。为防止锰过剩,消毒前要施用石灰质肥料。③注意田间排水,防止土壤过湿,避免土壤溶液处于还原状态。④施用完全腐熟的有机肥。⑤叶面喷洒 0.1%硅酸钠溶液。

## 123. 黄瓜花打顶是什么原因? 如何防治?

(1)主要症状　"花打顶"是指黄瓜植株生长点处节间呈短缩状,出现茎端密生小瓜纽,而不见生长点伸出;上部叶片小而密集,生长停滞,造成封顶。

(2)发病原因　①土壤干旱缺水,蹲苗过狠,使水、肥供应不足,导致植株生长停滞。②温度偏低,使白天制造的营养物质夜间向生长点处输送量不足,使植株营养生长受抑制。③土温偏低,黄瓜根系发育差,不能充分吸收土壤中的营养进行光合作用,也易产生花打顶。④施肥过多,伤根严重。⑤应用生长激素药类浓度过大,或栽培季节不适宜。

(3)防治措施　①防止土壤缺水,保持土壤湿润。②防止日光温室温度过低,尤其夜温不能低于 13℃,应保持在 15℃~18℃,白天保持在 28℃~30℃。③施肥要适量,追肥也不要超标,以避免烧根、伤根。④不用或少用带有激素类的药物,如需要用生长激素(乙烯利、矮壮素)处理时,要严格掌握好浓度,喷时不要过量。⑤采用5毫克/千克萘乙酸水溶液和爱多收3000倍液混合灌根,以刺激新根尽快发生。⑥摘除植株上可以见到的全部大小瓜纽,以减轻植株结瓜负担。

## 124. 黄瓜瓜条不伸长或伸长一段后停止生长是什么原因？如何防治？

(1)主要症状  果实中途停止膨大,出现黄化、萎蔫,形成干瘪、枯萎的果实,称"流产果"。有的病果在果实膨大初期发生凋萎,有的在发育到某一阶段时停止生长发育。这是一种生理性病害,俗称"化瓜"。

(2)发生原因  化瓜是由于光合产物不足引起的。其主要原因有:阴雨天持续时间太长,光照不足,叶片中干物质含量下降;植株软弱多病,营养不足;植株徒长,果实得不到养分;单性结实能力差;温度过高或过低,光照不良;授粉受精不良;坐瓜过多,养分不足;幼苗期采取乙烯利处理,增加了雌花数量,但水肥条件满足不了植株生长的需要,使瓜秧生长不良;下部黄瓜不及时采摘,使上部黄瓜营养供应不上。

(3)防治措施  增加光照,提高光合能力;控制水分,降低夜温;向叶面喷布1%葡萄糖溶液,以增加营养;人工授粉,刺激子房膨大,减少化瓜;黄瓜雌花开放后,分别喷赤霉素、吲哚乙酸、腺嘌呤等溶液,可降低化瓜率;喷洒稀土元素对减少化瓜,促进果实生长也具有明显作用,每667平方米可用稀土30克,用温水稀释成规定浓度,进行叶面喷洒。

## 125. 黄瓜发生畸形瓜是什么原因？如何防治？

(1)主要症状  畸形瓜包括弯曲瓜、大肚瓜、细腰瓜、尖嘴瓜等形状异常瓜,多出现于黄瓜生长后期。

(2)形成原因　弯曲瓜发生的原因主要是叶片所制造的同化物质不能顺利地流入果实中,致使果实伸长不均衡,果实不能很好发育形成的。大肚瓜是在果实膨大期间,先期土壤缺水,而后期浇灌大水,果实吸收水分过多而形成的。细腰瓜是两头粗中间细,是植株衰弱,营养不足,使果实得不到充足养分形成的。

(3)防治措施　严格管理,充分满足黄瓜各个阶段生长发育对温度、湿度的需求,防止早衰;天气不良形成光照不足时,要采取人工补光措施;吊蔓、落蔓时要防止瓜蔓拉伤;从施基肥起,要做到以有机肥为主,每 667 平方米施优质农家肥5 000 千克,黄豆饼粕 300 千克,并按氮、磷、钾为 5:2:6 的比例配施化肥,其化肥总量以每 667 平方米施 100 千克左右为宜;坐果期适量补施硼肥;在病害发生后要对症施药,喷药的浓度要适宜,次数不宜过多,在喷药后的第二天应喷 1 次叶面肥料,可喷 0.2%磷酸二氢钾＋0.2%尿素＋0.1%三元复合肥＋0.2%白糖＋少量食醋,以提高植株的抗逆能力,防止植株早衰。

## 126. 黄瓜发生苦味果是什么原因? 如何防治?

(1)主要症状　黄瓜食用时有苦味。

(2)发生原因　瓜内含有一种苦味物质,称苦瓜素。苦瓜素一般存在的部位以近果梗的肩部为多,先端较少。这种苦味有品种遗传特性,因而苦味的有无和轻重因品种而异。根据苦味出现的情况,黄瓜可分为 3 类:第一类是营养器官有苦味而果实可能变苦;第二类是营养器官有苦味而果实不苦,不受环境原因影响;第三类是植株和果实均无苦味,也不受环境原因影响。目前,许多黄瓜品种属于第一类,因而生态原因、植株的营养状况、生活力的强弱等均可影响苦味的产生。所以,同是一个植株,其根瓜苦,而以后所结的瓜可能不苦。如果某品种或植株原来苦瓜素含量就比较多,而在定植前后因控水过狠而使细胞液浓度加大,那么苦瓜素相对含量增高,因而发苦;如果以后水分控制得当,生育迅速,苦瓜素相对含量降低,苦味就会消失。另外,氮素过多、生育过旺、温度过高或过低、日照不足、肥料缺乏、营养不良以及植株衰老多病等因素,造成植株生育不正常时,都会造成苦瓜素的形成和积累。

(3)防治措施 ①选择良种。预防黄瓜苦味最好的方法是选择无苦味的黄瓜优良品种,如津春 3 号、津研 4 号、长春密刺等品种。②控制温度。当温室大棚气温或地温低于13℃时,使养分和水分吸收受到抑制,黄瓜易出现苦味。当温室大棚气温高于 30℃且持续时间过长,特别是超过 35℃,致使叶片同化功能减弱,光合产物消耗过多或营养失调,黄瓜也会出现苦味。生产上应注意冬、春季节黄瓜大棚尤其是晚上的保温:光照过强,棚温过高时,应采用遮阳网或用水浇灌喷洒等措施,以调节温度,避免黄瓜苦味形成的温度界限。③光照要充足。日光照射可影响黄瓜苦味的形成。如光照不足,光合作用减弱,干物质积累少,会导致黄瓜苦味加重。因此,栽培黄瓜时应注意做到以下 4 点:一是保持适宜的密度;二是棚内张挂铝聚酯反光幕;三是及时揭开不透明覆盖物,尽量延长光照时数;四是每天卷起草帘后将棚膜上的草屑、尘土去掉,以增加棚膜透光率,并注意及时插架、绑蔓和摘心,以增光增温,提高坐瓜率,增强抗病能力,以减少苦味瓜发生。④合理施肥。要增施有机肥,防止氮肥施用过量或磷、钾肥不足。通常氮肥施用过量易造成植株徒长,坐果不齐,会增加黄瓜苦味。随着植株生长应增加氮肥施用量,到开花盛期应平衡施肥,通常氮、磷、钾比例为5:2:6,同时配合根外追肥。⑤适时浇水。由于黄瓜根系入土浅,不能吸收深层水分,故要求表层有充足的水分,因此浇水要做到少量多次,水温不可过低,尽量采用恒温水或膜下小水暗灌,严防因植株体内水分亏缺而间接影响酯酶的分解,以避免黄瓜苦味素的形成,并在干燥条件下进入果实。特别注意定植后蹲苗不应过度,否则根瓜易发生苦味。⑥避免伤根。在分苗、中耕、追肥和土壤过旱时易伤根,使黄瓜苦味加重。生产上应用沙盘播种,用营养钵分苗,采用垄作地膜覆盖栽培。

## 127. 嫁接黄瓜叶面出现"泡泡"是什么原因?如何防治?

(1)主要症状　叶片表面出现大小不规则的瘤状突起,形成"泡泡",初呈浅黄色,后泡泡中间出现浅白色小斑点,逐渐干枯,叶片光合作用降低,易出现畸形瓜。

(2)发病原因　低温、光照少易发生;移植过晚,根系老化,再生受阻,引起吸水与失水的比例失衡;因划锄等作业因素造成伤根,导致吸水小于失水;湿度过大,蒸腾作用减弱;根部发生病害,造成伤根;激素使用过频,引起累积中毒。

(3)防治措施　经常清扫棚室塑料膜上的草屑、尘土,增强棚室透光度;加强增温、保温措施,防止低温冷冻;适期、适时定植,一般以2叶1心或3叶1心为定植最佳适期,选择晴天的中午定植;定植前移苗时,尽量少伤根;土壤过于黏重的地块,要增施草木灰、有机肥,改良土壤结构,增加土壤的通透性,促进新根形成;避免使用粉锈宁、助壮素、多效唑等农药和激素。防治白粉病可选用甲基托布津、多菌灵代替粉锈宁;植株出现徒长,应适当降低夜温,减少浇水次数,少施氮肥,以抑制植株徒长。

## 128. 黄瓜叶片急性萎蔫是什么原因？如何防治？

(1)主要症状　此病主要发生在高温阶段。4月份以后日光温室内进入高温阶段,经常在短时间内出现整株叶片急性萎蔫现象,轻的到晚上又逐渐恢复,严重的到晚上也不能恢复原状,最后导致整株死亡。

(2)发病原因　放风不及时,日光温室内气温过高,叶片蒸腾作用旺盛,根系吸收的水分不能满足叶片蒸腾作用的需要,从而导致黄瓜植株内水分失调,叶片急速萎蔫。

(3)防治措施　在日光温室进入高温期,或连续阴雨低温后天气突然转晴时,要注意通风降温,间隔放草苫,短时间遮光,将温度控制在25℃～30℃,并保持土壤有足够可供叶片蒸腾的水分。

## 129. 黄瓜烧根是什么原因？如何防治？

(1)主要症状　根发育不良,根系少,其颜色变淡褐或褐色。

(2)发病原因　育苗床上肥料过多或使用未充分腐熟的有机肥,致使土壤盐离子浓度过高。

(3)防治措施　育苗床施肥要适量;苗床土和肥料要掺和均匀;使用有机肥时,一定要使用充分腐熟的有机肥;追肥时,每667平方米不能超过15～20千克,且撒施要均匀;如发生烧根,可适当浇水,以缓解土壤浓度。

## 130. 黄瓜疯长是什么原因？如何防治？

(1)主要症状　幼苗纤细,节间长,叶片大而薄,色稍淡;

叶柄和茎柔嫩,易折;根系发育不良,根条数少,根小。这类苗容易受病害侵染,抗冻、抗热性弱,花分化少,易形成化瓜;定植后成活率低。

(2)发病原因 温度过高,放风不及时;光照不足,特别是阴雨天多或草苫晚揭早盖;夜温高;基肥或营养土氮肥过多;水分多;密度过大。

(3)防治措施 每天放风,温度达到32℃时一定要放风;增加光照,对草苫要早揭晚盖或在温室中增挂反光幕;当下午温室温度达到24℃时,要关闭温室门窗,注意放脚风;平衡施肥,增施有机肥,注意氮、磷、钾的配合施用;要稳氮、增磷、补钾,施微肥;浇水不可太多、太勤;扩大株距行距,要间苗和分苗,适当稀植,育苗时最好采取营养钵单株育苗;喷洒50毫克/千克多效唑溶液,控制植株生长;要设法使第一批花多坐瓜,如果第一批花坐瓜少,易导致疯长。据试验,使用保果灵激素100倍液点花、喷花,可使黄瓜多坐瓜、保住瓜,并促进小瓜迅速膨大,这样既可提早上市,增加早期产量,又可有效地防止植株疯长。

## 131. 黄瓜萎蔫、根变褐色或黑色是什么原因? 如何防治?

(1)主要症状 发生沤根的黄瓜幼苗,长时间不发新根,不定根少或完全没有,原有根皮发黄,呈铁锈色并逐渐腐烂。沤根初期,幼苗叶片变薄,阳光照射后白天萎蔫,叶缘焦枯,整株逐渐枯死;病苗极易从土中拔起。

(2)发病原因 浇水不当,浇水时浇水量太大;地温或气温过低,蒸发慢;通风不良;土壤黏重,质地差。

(3)防治措施 适当浇水,苗床不干不浇;做好温室的通风工作,特别是低温时期,应抓住一切晴暖天气通风;苗床土质差时,可按照适当比例掺匀砂壤土,或多施充分腐熟的有机物;加强育苗期的地温管理,正确掌握放风时间及通风量大小,避免苗床地温过低或过湿。采用电热线加热育苗,控制苗床温度在16℃左右,一般不低于12℃;发生轻微沤根后要及时松土,提高地温,待新根长出后,再转入正常管理。

## 132. 黄瓜发生小老苗是什么原因? 如何防治?

(1)主要症状 幼苗生长发育过程中受到抑制,颜色较壮苗深,幼茎粗壮迟迟不伸长,根系发育不良。小老苗定植后不易生新根,缓苗慢,不发棵,花芽分化不正常,开花少,定植后易出现花打顶现象。这种苗称为"小老苗",也称"僵苗"。

(2)发病原因 ①使用化学激素处理幼苗时,使用浓度过高。②地温过高或过低。

(3)防治措施 ①苗期按适宜的温度进行管理,不过分控苗,使秧苗生长有适宜的温度和水分条件,促进秧苗正常生长。冬季或早春育苗时,有条件的,尽量改冷床育苗为电热温床育苗。②成苗期的苗床管理要供给适宜的水分,给水后要通风,适当炼苗,使幼苗生长苗壮。不可使苗床过于干旱。③对已发生老化现象的秧苗,应用一定剂量的赤霉素喷雾;提高地上部生长的温度,使幼苗能正常生长。

## 133. 黄瓜发生短形果是什么原因? 如何防治?

(1)主要症状 这种果实在用南瓜做砧木的嫁接黄瓜上经常发生,果实短,而且果形粗,有人称之为"南瓜型黄瓜"。

(2)发病原因 嫁接技术掌握不好,致使接穗和维管束愈合不好,养分和水分在植株体内运行不畅。特别是定植时土壤干燥,定植覆土后大量灌水,根不能往下扎,而是在土壤的表层横向生长,因此不能充分地吸收养分和水分。在这种情况下,植株长势不会旺盛,易形成短形果。

(3)防治措施 要正确掌握嫁接技术,保证嫁接质量;定植前浇透水,水肥管理要适宜。不要低节位留果,低节位和雌花发育不完全,子房短,易形成短形果。当植株生长到一定程度时再让其结果。用南瓜做砧木的根生长势旺、扎根深,要注意充分发挥其特点。

## 134. 黄瓜日照萎蔫是什么原因？如何防治？

(1)主要症状 日光温室黄瓜在弱光下突遇强光,出现叶片向上卷曲,发生萎蔫,如果时间较长,叶片呈绿色,逐渐干死。

(2)发病原因 温室遇到1周以上的阴雨或雪天时,天突然转晴,日照强烈,如防止不及时,易发生日照萎蔫。

(3)防治措施 在长期的弱光照射条件下,突遇强光时,千万不可全部揭开覆盖物,应由小到大揭开,以逐渐适应强光,一般有4天以上的时间,即可全部揭开。此外,可在叶面喷洒白糖水。

## 135. 黄瓜有花无瓜是什么原因？如何防治？

(1)主要症状 雄花多,雌花少,不结果或很少结果。

(2)发病原因 因黄瓜植株体内细胞分裂失调所致。如果黄瓜植株体、枝叶、藤蔓发育粗壮,就能增强其分蘖发权能力,雌、雄花也才能在同株体上均匀地开放。如黄瓜植株在生长过程中藤蔓失调疯长,就会破坏黄瓜植株体的分枝能力,从而导致黄瓜植株只开雄花不开雌花,或只在蔓梢处开非常有限的几朵雌花。这样会严重影响黄瓜的产量。

(3)防治措施　当黄瓜植株长出 3~4 片真叶时,每 667 平方米可用 200~500 毫克/千克乙烯利,或萘乙酸 5~10 克,或三十烷醇 5~10 克,或助长素 10 克加水 50~70 升,在黄瓜上均匀喷施 1~2 次,即可促进黄瓜植株细胞正常分裂,增强雌雄花同株并开的能力,有效地解决黄瓜因只开雄花而引发的不育症。

## 136. 黄瓜瓜码稀、节位高是什么原因? 如何防治?

(1)主要症状　植株徒长,造成雌花着生节位高,而且数量少。

(2)发病原因　黄瓜育苗期间日照长,温度高,不利于雌花的分化与形成。

(3)防治措施　①选择适宜品种。所选品种不仅对高温、低温的适应能力比较强,而且即使在高温、长日照的气候条件下,主蔓上仍会产生较多的雌花,侧枝上雌花出现也早,一般侧枝第一片叶后便连续产生雌花。②第一片真叶展开到第四片真叶出现时,正是花芽分化的关键时期,白天温度应保持在 20℃~25℃,夜间温度在 13℃~14℃,加大昼夜温差,有利于较多雌花的形成。③在黄瓜苗期、定植期、果实膨大期施用乙烯利,能达到增加雌花、早结瓜、多结瓜的目的。施用的方法是:用 40%乙烯利 4 000 倍液,分别在 1~2 片真叶期和 5~6 片真叶期各喷 1 次。处理时既要注意乙烯利的浓度,并注意喷药量要适当,喷到叶面即将滴水的程度。但不能重复喷,以免喷药过量而抑制秧苗生长,甚至造成"花打顶"现象。④加强水肥管理。水分充足有利于雌花分化;氮、磷肥分期施较一次施有利于雌花的形成,但分期施钾肥有利于雄花形成。

## 137. 如何识别与防治黄瓜盐害？

(1)主要症状　盐害常使黄瓜茎尖萎缩，心叶褪绿，未展开的叶柄向内弯曲。中心部叶片常呈"镶金边"状，下部叶呈"降落伞"状。

(2)发病原因　由于日光温室肥料不易流失，大部分肥料被黄瓜吸收后，剩余未被吸收的氮、钾等肥料全部残留在土壤中，常年积聚就会使土壤浓度过高，造成土表盐类的积聚，对黄瓜产生不同程度的危害。

(3)防治措施　增施秸秆肥，以肥压盐。在拉秧后的空闲季节，大量埋施含氮低而含碳高的生秸秆，以吸收土壤中游离的氮素。具体做法是：在黄瓜拉秧后，将麦秸切成3～4厘米的段均匀地撒施于田间，每667平方米约撒施1 000千克，深翻后灌大水，同时用土封闭日光温室，以提高室温。1个月后揭膜、晾晒；合理施用化肥。积盐障碍主要是化肥施用过多造成的，因此要科学施肥。一般壤质土追施硝铵1次，每667平方米用量不宜超过20千克；改施单一氮肥为施复合肥。日光温室黄瓜一般在产瓜前期追施氮、磷复合肥，或追1～2次氮肥，1次磷肥或钾肥。日光温室施用磷肥时，以施含钙的普通过磷酸钙为宜。此外，夏季种1茬玉米，可吸收土壤中过量的速效氮。

## 138. 嫁接黄瓜砧木根茎出现萎缩腐烂是什么原因？如何防治？

(1)主要症状　黄瓜砧木离地面茎部出现萎缩腐烂。

(2)发病原因　出现此症状有两种可能：一是茎腐病的危害。茎腐病是近些年瓜类作物发生的主要病害，除危害黄瓜外,还危害其他瓜类作物。该病主要危害瓜类作物的根茎部,造成植株死亡。二是苗床湿度过大,土壤黏重,致使根系因缺氧而窒息死亡,引起其他杂菌的侵染,致使根茎腐烂,植株死亡。

(3)防治措施　避免在过于黏重的土壤上做苗床;苗床不旱不浇,过于潮湿时,可撒草木灰或过筛的细土降湿。作嫁接用的苗床,栽前应做好消毒工作,常用的杀菌剂有 50% 速霉克可湿性粉剂 800～1 000 倍液,或 50% 多菌灵可湿性粉剂 500 倍液,或 70% 甲基托布津可湿性粉剂 700～1 000 倍液,栽前随浇栽苗水施入苗床。

## 139. 黄瓜出现溜肩果是什么原因? 如何防治?

(1)主要症状　接近果梗部分的瓜把较细,距瓜刺部位的长度拉长,呈溜肩状,也有的呈酒瓶子状。

(2)发生原因　温度低时,发生溜肩果多,植株营养不良,长势弱时易发生,尤其是下部侧枝上的果实溜肩果多。白刺系品种比黑刺系品种多结溜肩果,属于遗传性多发品种。在花芽分化时,一旦花芽得不到钙,果实肥大后就会出现溜肩果;氮肥多的时候,以及在氮、钾、钙等积聚的土壤栽种黄瓜均容易引起溜肩果。在低温下,钙的吸收一直受到阻抑,因此在冬季温室中发生也较多。此外,被吸收的钙在主蔓中流动转移好,侧蔓较差,因此侧枝结的溜肩果就多。

(3)防治措施　加强温室管理,防止温度过低而抑制钙的吸收。注意养分、水分的管理,防止施肥过多和土壤干燥或过湿。在基肥中应施入充足的置换性钙,因其易被根系吸收。

## 140. 如何识别与防治西葫芦化瓜？

（1）主要症状　日光温室栽培西葫芦，经常遇到西葫芦雌花开放 3～4 天内，幼果先端褪绿变黄、变细变软，果实不膨大或膨大很少，表面失去光泽，先端萎缩，不能形成商品瓜，最终烂掉或脱落。这种现象称为"化瓜"。

（2）发生原因　①授粉不良或根本就没授粉。②温度过高或过低。温度过高，白天超过 35℃，夜间高于 20℃，会造成蔓秧徒长、营养不良而化瓜。温度过低，白天低于 20℃，夜间低于 10℃，根系吸收能力减弱，光合作用降低，造成营养饥饿而引起化瓜。③开花期遇到连续阴天或阴雨连绵，光照不足，会造成营养不良而化瓜。④二氧化碳浓度低于 300 毫克/升或高于 1 800 毫克/升时，雌花发育不良，会引起化瓜。⑤温室内由于肥料分解等原因产生的毒气危害西葫芦，引起化瓜甚至死亡。

（3）防治措施　①选择单性结实能力强的品种。②保持适宜温度。③使用充分腐熟的有机肥，减少氮肥用量，加强通风。④日照不足时，要补充光照。⑤人工辅助授粉或用激素保花保果。开花后 2～3 天，用 100 毫克/千克赤霉素或 100 毫克/千克的防落素溶液喷洒。⑥增施二氧化碳气肥。可采用简单的硫酸—碳铵反应法增加日光温室内二氧化碳气体的浓度。

## 141. 西葫芦发生缩叶病是什么原因？如何防治？

（1）主要症状　在植株生长中出现连续多片叶呈鸡爪状皱缩，一般有 5～6 片叶，叶脉明显，坐果率很低，甚至不坐果。果实生长缓慢，易被误认为病毒病。当温度升高，最低温度达

20℃以上时,新生的叶片又恢复正常生长。

(2)发病原因　一是昼夜温差过大,白天高温达25℃以上,夜间温度在6℃以下,时间又比较长;二是空气湿度大,生长点积水受到抑制,叶片发育不正常。

(3)防治措施　在生产中要控制好温度变化,防止大温差的出现,同时要控制好湿度。

## 142.如何识别与防治西葫芦畸形瓜?

(1)主要症状　西葫芦畸形瓜包括弯曲瓜、尖嘴瓜、大肚瓜和蜂腰瓜。

(2)发生原因　果实的形状、大小与植株长势关系极为密切。当瓜条刚坐住时,细胞数已固定,瓜条的大小、形状决定于细胞体积的增加,而细胞体积的增加,靠叶片提供碳水化合物和根系提供水分和养分。当植株衰弱或遭受病害时,容易产生尖嘴瓜和大肚瓜。不受精则变成尖嘴瓜,受精不完全则出现大肚瓜。缺钾、生育波动等原因易出现蜂腰瓜。此外,土壤干旱、盐类溶液浓度障害,吸收养分、水分不足,光照不足等也容易形成尖嘴瓜。

(3)防治措施　适期追肥灌水,搞好土壤耕作,维持植株长势,提高叶片的同化机能。冬季注意增强光照,保持适宜的生长发育温度;发现有畸形瓜产生应尽早摘除,以免影响下一个瓜的生长。用激素处理雌花时,要注意溶液的浓度和喷花时间,高温时喷施溶液浓度要小些,低温时溶液浓度要适当增大。喷花时,要将雌花的花托、柱头都喷到喷匀。适时采收,避免瓜与瓜之间的养分争夺。

## 143. 如何识别与防治西葫芦 2,4-D 药害?

(1)**主要症状**　蘸花后 2~3 天,嫩叶叶缘上卷,叶片扭曲畸形,失去光泽;叶肉退化,叶脉突出,僵硬,严重时呈鸡爪状;生长点僵硬,萎缩,造成生长点消失。幼果黑绿而短粗,雌花不能正常开放,多呈半开放状态。瓜柄明显增粗,有的超过幼果基部。受害瓜多为后部粗而先端细的尖嘴瓜,失去商品价值。受害株茎节短缩,着生叶柄处常呈乳白色,受害严重的出现乳白色瘤状物,纵裂。受害株中下部叶片为深绿色,严重时失去光泽,呈老化状态。2,4-D 药害对日光温室西葫芦生产的影响,取决于单株受害的程度及受害株的多少。

(2)**发生原因**　①配制的 2,4-D 溶液浓度偏高或蘸花时用药液量大。②操作不细心,使药液滴在叶片或生长点上。用大口容器盛药液,用后不加盖,水分蒸发导致浓度偏高。③误用某种以 2,4-D 为主要成分配成的不合格的促坐果类药品。

(3)**防治措施**　目前还没有防治 2,4-D 药害的特效药,在生产中应当坚持以预防为主,科学用药。配制药液要严格剂量比例,在深冬季节 1 克 2,4-D 对水 35 升;春季气温升高,1克 2,4-D 对水 40 升。药液浓度低,坐果低或尖嘴瓜比例大;药液浓度高,易产生药害。用毛笔蘸花时药液不要过多,操作要细心,防止药液滴在叶片或生长点上。近年来,不少人用注射器吸取药液,通过细针头喷射雌花柱头,效果很好。每次蘸花后要盖严容器,防止因水分蒸发导致浓度增高。要坚持使用正规厂家生产的合格药品,杜绝使用伪劣药品。对某些能促进坐果的新产品,要先试用,经试用证明效果好,并掌握了使用方法后,再大面积使用。

日光温室西葫芦的 2,4-D 药害缓解的快慢与温度和水分有关。冬季在正常管理条件下,40 多天才可缓解;在春季高温条件下,20～30 天症状可缓解。如能适当提高温度,并增加水分供应,可缩短缓解的时间,减少损失。对发生药害的植株要及时摘除畸形瓜。对 2,4-D 药害严重的温室,要果断拔秧换茬。

## 144. 如何识别与防治苦瓜缺磷症?

(1)主要症状　磷可以促进苦瓜根系生长,提高植株的抗逆性。缺磷时,根系发育差,植株细小;叶小,叶呈深绿色,叶片僵硬,叶脉呈紫色;尤其是底部老叶表现更明显,叶片皱缩并出现大块水渍状斑,逐渐变为褐色干枯。花芽分化受到影响,开花迟,而且容易落花和发生化瓜。

(2)发生原因　①堆肥施用量小,磷肥用量少,易发生缺磷症。②低温影响对磷的吸收。温度低,对磷的吸收就少。日光温室等保护地冬、春或早春栽培苦瓜,易发生缺磷。③土壤酸化,磷素的有效性低引起土壤供磷不足。

(3)诊断要点　注意症状出现的时期,由于温度低,即使土壤中磷素充足,也难以吸收充足的磷素,易出现缺磷症。生育初期缺磷时,叶色为浓绿色,后期出现褐斑。

(4)防治措施　可将水溶性过磷酸钙与 10 倍的优质有机肥混合施入植株根系附近,同时结合叶面喷肥,可喷 0.2% 磷酸二氢钾或 0.5% 过磷酸钙溶液。

## 145. 如何识别与防治苦瓜缺硼症?

(1)主要症状　上部叶向外侧卷曲,叶缘部分变褐色;当仔细观察上部叶叶脉时,有萎缩现象;腋芽生长点萎缩死亡;

茎蔓或果实出现纵向木栓化条纹。

(2)发生原因　参考黄瓜缺硼症。

(3)诊断要点　参考黄瓜缺硼症。

(4)防治措施　①出现硼素缺乏症时,应急措施是,用0.12%～0.25%硼砂或硼酸溶液喷洒叶面。症状轻时,每667平方米施用硼砂0.5～0.8千克;症状重时,每667平方米施用硼砂1千克。②根本的对策。苦瓜等蔬菜对硼素的需要量较多,因此在有机物较少的沙质土地上的日光温室,计划施用硼素尤为必要。每年每667平方米应施用硼砂0.5～0.8千克,使土壤中含有水溶性硼素浓度为1～2毫克/千克。增施有机肥料,应防止施氮过量。因为有机肥料本身含有硼,全硼含量在20～30毫克/千克之间,施入土壤后随有机肥料的分解释放出来,可提高土壤供硼水平,同时可提高土壤硼的有效性。此外,要控制氮肥用量,特别是铵态氮过多,不仅造成蔬菜体内氮和硼比例失调,而且会抑制硼的吸收。不要过量施用石灰质肥料,如石灰过量可引起硼的缺乏症。

## 146.苦瓜裂藤是什么原因? 如何防治?

(1)主要症状　苦瓜生长期间,瓜藤的中、下部可见到开裂,但无病斑,开裂严重时将严重影响植株生长和开花结果。

(2)发生原因　主要是由于缺乏微量元素硼造成的。

(3)防治措施　平衡施肥,多施用有机肥;可用0.3%硼砂溶液进行叶面喷施,根据症状情况,可喷2～3次。

## 147.丝瓜发生尖头果是什么原因? 如何防治?

(1)主要症状　丝瓜果实上半部正常,近花部细小。

(2)发病原因　可能是蘸花过程中激素(2,4-D或防落素)使用不均匀,有的部位多了,有的部位量不足而造成的。

(3)防治措施　如果雄花量足够,应采用人工授粉,实行花对花授粉,1朵雄花对2~3朵雌花。也可用2,4-D代替,但要注意使用方法,要用适宜浓度(浓度的大小应先做试验)的2,4-D溶液浸整朵雌花,一定要包括花柄。在无公害丝瓜生产中,不提倡使用2,4-D,应尽量采用花对花授粉。

## 148. 丝瓜有花无瓜是什么原因? 如何防治?

(1)主要症状　植株长势过旺,叶片厚而大;茎秆粗壮,拔节长,基本上不开雌花不坐瓜,将降低丝瓜的坐瓜率,影响丝瓜的产量。

(2)发病原因　因丝瓜植株体内细胞分裂失调所致。当丝瓜植株体、枝叶、藤蔓发育粗壮时,就能增强其分蘖发权能力,雌、雄花也才能在同株体上均匀地开放;如丝瓜植株在生长过程中藤、蔓失调疯长,就会破坏丝瓜植株体的分枝能力,从而导致丝瓜植株只开雄花不开雌花。

(3)防治措施　①适当控制夜温,如夜温过高,丝瓜容易出现棵子过旺的情况。因此,下午要晚一点关通风口,早上要及时通风,将丝瓜棚内的温度调节合适。一般丝瓜正常生长适宜的夜温为上半夜18℃~20℃,下半夜为13℃~18℃。早上棚内的温度不要超过15℃,不低于10℃。这样可避免出现丝瓜只旺棵子的情况。②喷洒营养液,调控植株长势。可对叶面喷洒甲壳素,以调节丝瓜的长势,使丝瓜的养分达到合理供应,并使养分由主要供应植株生长适当转为供应果实的生长,这样可促进丝瓜多坐瓜。也可在丝瓜长到3~9片真叶时,对叶面喷洒助壮素或矮壮素或增瓜灵等,避免丝瓜出现过旺生长的情况。但在喷洒生长调节剂前,要注意做好试验,避免因用药量过大而造成药害。应选晴天的下午进行喷洒。
③少施氮肥。不可过量施用氮肥(如磷酸二铵或高氮复合肥等),可多施用生物肥,并适当增施钾肥,以利于调整丝瓜的长势,促进丝瓜多坐瓜。

## 149. 丝瓜发生叶烧病是什么原因? 如何防治?

(1)主要症状 症状多发生在植株中、上部的叶片上,接近或接触棚膜的叶片易发生。发病初期,病部的叶绿素明显减少,叶面上出现小的白色斑块,形状不规则或呈多角形,扩大后呈白色至黄白色斑块。发病轻的仅叶缘烧焦,重的导致大半叶片乃至全叶烧伤。

(2)发生原因 丝瓜叶烧是因高温诱发的生理病害。当温室内相对湿度低于80%时,遇到40℃以上的高温,就会产生高温伤害。尤其在强光照条件下更易发生。中午不能及时放风降温,或高温闷棚时间过长,易产生叶烧病。

(3)防治措施 要加强棚温管理,棚温超过丝瓜生长发育正常温度时,要立即通风降温;3月下旬以后,如阳光照射强,棚室内外温差大,不便放风时,可采取临时在棚膜铺覆盖草苫或遮阳网,暂时遮光降温;及时调整和降低丝瓜茎蔓,使丝瓜茎蔓生长点与棚膜保持30厘米左右的距离;采用高温闷棚防治霜霉病时,要根据不同丝瓜品种不同的耐热性能,严格掌握闷棚温度和时间,必要时应在闷棚前1天晚上浇水,以增强丝瓜抗热能力。

## 150. 丝瓜发生化瓜是什么原因? 如何防治?

(1)主要症状 丝瓜瓜条不伸长或伸长一段后停止生长。

(2)发生原因 定植缓苗后,未经过促根控秧,过早追肥浇水,温度偏高,特别是夜温高,昼夜温差小,日照不足易引起徒长导致化瓜;定植密度过大,群体间通风透光不良;低温季节昆虫少,雄花少,因授粉率低而引起化瓜。

(3)防治措施　针对产生化瓜的原因,采取降温、增光、补施磷钾肥、人工授粉等措施,防治化瓜。

## 151. 丝瓜出现花打顶是什么原因？如何防治？

(1)主要症状　生长点附近的节间缩短,形成雌、雄杂合的多花簇。龙头不生成心叶而出现"花抱头"。

(2)发生原因　主要原因有以下几个方面:①日光温室内高温干旱,尤其是土壤干旱易发生"花打顶"。②肥料过多,水分不足。③土壤潮湿,但气温、地温偏低,造成沤根。④根吸收能力弱。⑤蚜虫为害。⑥钾肥过多。⑦施用生长抑制剂的时间不当或浓度过大。

(3)防治措施　①中耕松土,以提高地温。轻浇水追肥后,再松土提温。②喷洒喷施宝,每毫升喷施宝加水12升。

## 152. 丝瓜裂瓜是什么原因？如何防治？

(1)主要症状　丝瓜幼瓜、成瓜发生裂瓜现象,瓜面上产生纵向、横向或斜向裂口,裂口深浅、宽窄不一。严重裂口者裂口可深达瓜瓤,露出种子,裂口侧面木栓化。轻微开裂者仅有一条小裂缝。如幼瓜开裂后,果实继续生长,裂口会逐渐加深、加大。

(2)发生原因　①长期干旱或过度控水,突浇大水时,因果肉细胞吸水膨大,而果皮细胞已老化,不能与果肉细胞同步膨大,会造成果皮胀裂。②遭受某些机械伤害而出现裂口,在果实膨大过程中以伤口为中心发生开裂。③开花时钙不足,花期缺钙,会导致幼果开裂。

(3)防治措施 ①避免土壤干旱或过湿,特别要注意防止在土壤长期干旱后骤然浇大水。②棚室栽培丝瓜,避免温度过高或过低,生长期适温保持在 18℃～25℃。③进行农事操作时,防止对幼瓜造成机械损伤。④开花期用 0.3%氯化钙溶液喷洒叶面,预防植株缺钙。

## 153. 西瓜叶片背面呈紫色是什么原因?如何防治?

(1)主要症状 磷可以促进西瓜根系生长,提高植株的抗逆性。缺磷时,根系发育差,植株细小,叶片背面呈紫色;花芽分化受到影响,开花迟,成熟慢,而且容易落花和化瓜;果肉中往往出现黄色纤维和硬块,致使甜度下降,种子不饱满。

(2)发生原因 在土壤本身缺磷、酸性土壤或偏酸性土壤、土壤紧实等条件下,西瓜植株容易缺磷。

(3)防治措施 ①每 667 平方米用过磷酸钙 15～30 千克开沟追施。②应急措施是,用 0.4%～0.5%过磷酸钙浸出液做叶面喷施。

## 154. 西瓜发生畸形果是什么原因?如何防治?

(1)主要症状 发生尖嘴瓜、葫芦(大肚)瓜、扁形瓜、偏头瓜等现象。

(2)发生原因 在西瓜花芽分化阶段,养分和水分供应不均衡,影响花芽分化;花芽发育时,土壤供应或子房吸收的锰、钙等矿质元素不足;在干旱条件下坐瓜以及授粉不均匀,均易发生畸形果。

(3)防治措施 ①加强苗期管理,避免花芽分化期(2～3片真叶期)受低温影响。②控制坐瓜部位,在第二、第三朵雌花留瓜。③采取人工辅助授粉,在每天早上7时30分至9时30分用刚开放的雄花涂抹雌花,尽量用异株授粉或用多朵雄花给一朵雌花授粉。授粉量充足、涂抹均匀有利于育成周正的瓜形。④适期追肥,防止生产中脱肥。在70%西瓜长到鸡蛋大小时,及时浇膨瓜水和施膨瓜肥。避免偏施磷、钾肥,少施氮肥,以控制植株徒长,促使光合作用同化养分在植株体内的正常运转。⑤防止瓜蝇等害虫为害。

## 155. 西瓜发生空洞果是什么原因? 如何防治?

(1)主要症状　西瓜果肉出现开裂,并形成缝隙空洞。西瓜空洞果分为横断空洞果和纵断空洞果两种。从西瓜果实的横切面上观察,从中心沿子房心室裂开后出现的空洞果是横断空洞果;从西瓜果实的纵切面上观察,在西瓜长种子部位开裂的果实为纵断空洞果。空洞果瓜皮厚,表皮有纵沟,糖度偏高。

(2)发生原因　①在遇到干旱或低温时,西瓜内部养分供应不足,种子周围不能自然膨大。后期若遇到长时间高温,果皮继续生长发育,将形成横断空洞果。②在果实成熟期,如果浇水过多,种子周围已成熟,而另一部分果肉组织还在继续发育,由于发育不均衡,就会形成纵断空洞果。

(3)防治措施　①加强田间管理,注意保温,使西瓜在适宜的温度条件下坐果及膨大。在低温、肥料不足、光照较弱等不良条件下,可适当推迟留瓜,采用高节位留瓜。②坐果后及时整枝。一般品种采用"一主二侧"的三蔓整枝法。在西瓜膨大期停止整枝。同时疏掉病瓜和多余瓜,调整好坐果数。③提高开花坐果期棚内的温度,并进行人工辅助授粉。防止因植株徒长而与果实争夺养分,保证果实有充足的营养供应。

保证果实发育期间的水分供应。及时采收,防止西瓜过熟而引起空洞。④均衡地供应肥水。可用促丰宝Ⅱ号液肥800～1000倍液做叶面喷施。

## 156. 西瓜发生紫瓤瓜是什么原因? 如何防治?

(1)主要症状　西瓜肉质恶变,又称"果肉溃烂病"。果肉呈水渍状,紫红色至黑褐色。发病严重时,种子四周的果肉变紫、溃烂,失去食用价值。

(2)发生原因　①果实长时间处在高温条件下,并长时间受到阳光照射,致使养分、水分的吸收和运转受阻。②持续阴雨天后突然转晴,或土壤忽干忽湿,水分变化剧烈,植株产生生理障碍时发病重。③西瓜后期脱肥,致使植株早衰。④发生叶烧病、病毒病的植株易发生肉质恶变果。

(3)防治措施　①深翻瓜地,多施有机肥,保持土壤良好的透气性。②叶面喷施0.3%磷酸二氢钾溶液,每7～10天喷1次,连喷2～3次,以防止植株早衰。③在夏季高温、阳光直射的天气,由于叶面积不足而使果实裸露时,可用草苫遮盖果实。④喷施25%功夫乳油2000倍液,控制蚜虫迁飞,以减轻病毒病的发生。对已发生病毒病的地块,可用植病灵乳剂1000倍液进行防治。⑤不整枝或少整枝。

## 157. 西瓜发生脐腐果是什么原因? 如何防治?

(1)主要症状　果实顶部凹陷,变为黑褐色;后期湿度大时,遇腐生霉菌寄生,会出现黑色霉状物。

(2)发生原因　在土壤长期干旱的情况下,果实膨大期水分、养分供应失调,叶片与果实争夺养分,导致果实脐部大量失水,使其生长发育受阻;由于氮肥过多,导致西瓜吸收钙素受阻,使脐部细胞生理紊乱,失去控制水分的能力;施用激素类药物干扰了果实的正常发育,均易发生脐腐病。

(3)防治措施　①瓜田深耕,多施腐熟有机肥,促进保墒。②均衡供应肥水。③叶面喷施1%过磷酸钙,每15天喷1次,连喷2～3次。

## 158. 西瓜发生粗蔓是什么原因? 如何防治?

(1)主要症状　西瓜粗蔓从甩蔓到瓜胎坐住后开始膨大期间均可发生,以瓜蔓伸长约80厘米以后发生较为普遍。发病后,距生长点8～10厘米处瓜蔓显著变粗,顶端粗如大拇指且上翘,变粗处蔓脆易折断、纵裂,并溢出少许黄褐色汁液,使生长受阻。以后叶片小而皱缩,近似病毒病,影响西瓜的正常生长,不易坐果。

(2)发病原因　肥料和水分过多,偏施氮肥,浇水量过大,或田间土壤含水量过高,温度忽高忽低,土壤缺硼、锌等微量元素。植株营养过剩,营养生长过于旺盛,生殖生长受到抑制,植株不能及时坐果。

(3)防治方法　①选用抗逆性强的品种。据田间观察,早熟品种易发生,中晚熟品种发生轻或不发生。②加强苗期管理,培育壮苗,定植无病壮苗。③采用配方施肥,平衡施肥,增施腐熟有机肥和硼、锌等微肥,以调节养分平衡,满足西瓜生长对各种营养元素的需要。④加强田间管理,日光温室等保护地要加强温、湿度管理,加强通风,充分见光,促使植株健壮生长。⑤症状发生后,用50%扑海因可湿性粉剂1 500倍液＋0.3%～0.5%硼砂＋爱多收6 000倍液,或50%扑海因可湿性粉剂1 500倍液＋0.3%～0.5%硼砂＋尿素喷雾,每4～5天喷1次,连喷2次,防治效果明显。

## 159. 甜瓜成熟后有苦味是什么原因？如何防治？

(1)主要症状　甜瓜成熟后不发甜,而发苦。

(2)发生原因　甜瓜果实发生苦味与品种有一定关系,但栽培管理或栽培环境不当,则会加重果实的苦味。栽培管理不当,主要有以下几点:①氮肥施用过量。②低温寡照,特别是连续阴雨天,甜瓜的根系受到损伤或活动受到阻碍时,吸收的水分少,果实生长极为缓慢,会在根系和果实中积累更多的苦瓜素。苦味瓜多发生在根瓜上。③高温引起的苦味瓜。春季大棚早熟栽培的甜瓜进入春末高温期,或由于土壤湿度大,根系的吸收功能减弱,同化力降低,而夜间温度又过高,瓜生长缓慢,也会在瓜里积累更多的苦瓜素,形成苦味瓜。④定植过晚,大龄苗移栽伤根严重。⑤坐果灵使用不当也会产生苦瓜。

(3)防治措施　①利用采光保温性能好的温室或大棚。②扩大行距,减少株数,适当稀植,全面改善株间光照条件。③科学施用肥料,特别是不要过量施用氮素化肥。④在植株进入衰老时,通过降温、控水和浇灌促进根系发生,及早进行复壮。⑤进入高温期,要控制温度,使之不要过高,特别要防止夜间温度过高。浇水不宜过大。适时定植,减少伤根。

## 160. 甜瓜发生化瓜是什么原因？如何防治？

(1)主要症状　雌花开放后,子房不能迅速膨大,2~3天后开始萎缩,变黄,最后干枯或烂掉。

(2)发生原因　温、湿度不稳定,温度忽高忽低或湿度过干过湿,均会影响花粉发育和花粉管伸长。连续阴天低温,植株难以进行光合作用;土壤水肥条件不好,植株生长过弱;低温阴雨等造成授粉不利;栽培密度过大,叶片光合效率差;氮肥施用过多,水分供应过足等,均会造成植株徒长,营养生长过旺。

(3)防治措施 根据品种特点、气候条件、土壤肥力等因素合理密植,科学整枝、摘心;科学管理肥水;连阴天注意补光和保持棚膜清洁,低温天气加强保温和适当补温;人工辅助授粉,对没有昆虫的日光温室等保护地要进行人工授粉,每天8~10时进行,做好标记,登记授粉时间,以利于计算采收时间。使用防落素、坐果灵等激素点花保瓜时,要掌握好药剂浓度,以免产生裂瓜或畸形瓜。

## 161. 甜瓜花打顶是什么原因? 如何防治?

(1)主要症状 植株生长点节间短缩,茎端密生瓜纽;上部叶片密集,不见生长点伸出而封顶。

(2)发生原因 苗龄太长,蹲苗过狠,形成小老苗。土壤干旱,水肥供应不足,生长停滞。定植后长时间处于较低温状态,根吸收能力差。施肥或根部用药过多等原因,造成伤根严重。白天温度正常,夜间温度过低,致使白天形成的光合产物夜间不能很好地输送到生长点。使用乙烯利、矮丰灵、增瓜灵等激素浓度过大。栽培季节不适合。

(3)防治措施 育苗苗龄不易过长,以 20~25 天为宜。定植前施足基肥,每 667 平方米施腐熟优质有机肥 4 000~5 000 千克,氮、磷、钾复合肥 50 千克,尿素 20 千克。氮、磷、钾比例以 2∶1∶2 为宜。定植时浇足水,如果温度过低,可用少许水稳苗,待温度提高后再浇水。缓苗后控水不要过狠,以防止土壤过于干旱。创造适宜的温度条件,白天保持 28℃~30℃,夜间最低温为 12℃~16℃(不同的品种有差异)。

## 162. 如何识别与防治冬瓜缺钾症?

(1)主要症状　植株矮化,节间变短;叶片小,初呈青铜色,逐渐成黄绿色;主脉下陷,叶缘干枯。失绿症先从下部老叶出现,逐渐向上部新叶发展。

(2)发生原因　参考黄瓜缺钾症。

(3)诊断要点　参考黄瓜缺钾症。

(4)防治措施　参考黄瓜缺钾症。

## 163. 如何识别与防治冬瓜缺镁症?

(1)主要症状　冬瓜生育期提前,果实开始膨大并进入盛期时,下部叶叶脉间的绿色渐渐地变黄;进一步发展后,除了叶脉、叶缘残留一点绿色外,叶脉间全部黄白化。老叶先发生,逐渐向幼叶发展,最后全株黄化。

(2)发生原因　①在低温条件下,镁在冬瓜植株体内的移动速率降低,因而出现缺镁症。②土壤中磷、钾过多,阻碍了冬瓜对镁的吸收,尤其是日光温室栽培反应更明显。③土壤中铵态氮过剩,使冬瓜缺镁症加重。

(3)诊断要点　参考黄瓜缺镁症。

(4)防治措施　①土壤缺镁,在栽培前要施用足够的镁肥。施用镁肥可与施用石灰结合进行。②避免一次施用过量的钾、氮等肥料,以避免阻碍对镁的吸收。③一旦发现叶片出现缺镁症,应急措施是,用1%～1.5%硫酸镁或硝酸镁溶液喷洒叶面。

## 164. 如何识别与防治冬瓜缺锌症?

(1)主要症状　从中部叶开始褪色,与健康叶比较,叶脉清晰可见;嫩叶生长不正常,芽呈丛生状。

(2)发生原因　参考黄瓜缺锌症。

(3)诊断要点　参考黄瓜缺锌症。

(4)防治措施　①注意平衡施肥,不要过量施用磷肥。多施有机肥料。②土壤缺锌时,每667平方米可施用硫酸锌1.5千克。③应急措施是,用硫酸锌0.1%～0.2%溶液喷洒叶面。

## 165. 如何识别与防治冬瓜缺硼症?

(1)主要症状　生长点附近的节间显著地缩短,有时出现木质化;上部叶向外侧卷曲,叶缘部分变褐色;当仔细观察上部叶叶脉时,有萎缩现象。

(2)发生原因　参考黄瓜缺硼症。

(3)诊断要点　参考黄瓜缺硼症。

(4)防治措施　①选用硼砂土施,每667平方米用量为0.5～2千克。喷施时,一般用0.1%～0.2%硼砂或硼酸溶液。②增施有机肥料,防止施氮过量。有机肥料全硼含量为20～30毫克/千克,施入土壤后能提高土壤供硼水平。同时,要控制氮肥用量,以免抑制硼的吸收。③土壤过于干燥时,要及时灌水,以保持土壤湿润,使植株增强对硼的吸收。

## 166. 如何识别与防治冬瓜缺铁症?

(1)主要症状　叶脉变黄,严重时白化,芽生长停止,叶缘坏死,完全失绿。

(2)发生原因　参考黄瓜缺铁症。

(3)诊断要点　参考黄瓜缺铁症。

(4)防治措施　参考黄瓜缺铁症。

## 167. 豇豆发生"伏歇"是什么原因？如何防治？

(1)主要症状　在生产中，豇豆第一次产量高峰过后，不能迎来第二个产量高峰，这种现象在露地生产时一般出现在伏天，所以称为"伏歇"。

(2)发生原因　一是播种过晚。第一个产量高峰期过后，抽出的一些花枝没有多少荚，生长受到抑制，不可能出现第二个产量高峰。二是第一个产量高峰期消耗了大量养分，如肥水补充不及时，将造成脱肥脱水，致使植株早衰，不能发出较多的新枝，结果也就停止。三是在植株生长过程中，由于整枝摘心不及时，发出的侧枝少，缺少二次结果的基础。

(3)防治措施　针对以上原因，要做到适期播种，施足基肥，及时足量追肥，同时要做好整枝、摘心工作。

## 168. 豇豆大量落叶是什么原因？如何防止？

(1)主要症状　叶片大量脱落。

(2)发生原因　春豇豆苗期落叶，是由于幼苗定植或播种较早，早春温度低，幼苗较长时间处于10℃以下的低温条件，根系发育不良，生长受到抑制而落叶；定植苗质量低，缓苗时间长，使幼苗底叶变黄、脱落；豇豆幼苗出土后不久如遇干旱、低温等不利条件，子叶的营养若供应不上，很容易使真叶脱落。采收盛期落叶，主要是因为干旱或浇水过多，造成内涝，加上营养不足，产生脱肥现象，都可造成早期落叶。此外，如果受叶烧病的危害，也可导致落叶。

(3)防止措施　一是选用既抗病又高产的优良品种，如之豇28-2。春豇豆播种不能过早，也不宜定植过早。因为豇豆喜温、不耐寒，同时又要考虑到豇豆上市时应错过夏菜大量上市期。二是选择排水良好的砂壤土,进入结荚盛期,既不能干旱,灌水也不宜太多,以见干见湿为宜。三是开始采收后进行追肥,以满足茎、叶、荚同时生长对营养的需要,防止早衰,延长叶龄。进入生长盛期,喷1~2次0.3%磷酸二氢钾溶液,促进茎叶健壮生长。四是防治蚜虫、叶烧病的危害。播种前用相当于种子重量0.3%福美双可湿性粉剂拌种;生育期喷65%代森锌可湿性粉剂500倍液,以防治叶烧病。

## 169. 豇豆落花落荚是什么原因?如何防治?

(1)主要症状　落花落荚现象非常严重。

(2)发生原因　①营养生长与生殖生长不相适应。豇豆进入开花结荚期时,一方面抽花穗结荚,另一方面茎叶继续生长,发展根系和形成根瘤,由于生长量大,生长更迅速,茎叶生长和开花结荚的相互关系比较复杂。开花结荚前期,如植株生长过旺,使叶与花之间、花与花之间、果荚与果荚之间争夺养分,导致落花落荚。开花结荚后,若植株生长状况差,营养不良,尤其是豆荚盛收期需要更多肥水时,如肥水供应不足,致使植株脱肥脱水,就会造成落花落荚。②豇豆各生育期受环境的影响所致。豇豆喜温耐热,对低温反应敏感。其生长最适温度为20℃~25℃,能适应30℃~40℃的高温,但在10℃以下生长发育受阻,5℃以下受害。开花结荚最适温度为25℃~28℃,35℃以上结荚力下降。豇豆开花结荚期要求有充分的光照条件。幼苗期至初花期需水少,要注意蹲苗,促进根系生长。初花期对水分特别敏感,水分过大,极易徒长而引起落花。结荚期则需大量水分,若此时高温、干旱,常造成落花落荚。如田间积水,土壤湿度过大,不利于豇豆根系生长和根瘤活动,甚至造成烂根,引起叶片发黄、脱落,导致落花落荚。生长期间适宜的空气相对湿度为55%～60%。

(3)防治措施 ①培育壮苗,早春防止幼苗受低温危害。②合理密植,一般大行距为80厘米,小行距为50～60厘米,穴距为20～25厘米,春季每穴播3～4粒种子,秋季每穴播4～5粒种子。及时搭高架,在蔓长30～40厘米时及早引蔓上架。③在植株现蕾前后,要适当控制蔓叶生长。注意温、湿度管理,防止温度和湿度过高过低,以保墒为主,促根控秧,为丰产打下基础。④结荚以后,要求蔓叶能良好生长,以利于开花结荚。此期要连续重施追肥,一般每采收2～3次,每667平方米追施稀人粪尿1 500千克或尿素15千克,硫酸钾15千克,以促进翻花,提高产量。追肥浇水时要掌握好促控结合,合理使用氮肥,早期不偏施氮肥,现蕾前少施氮肥,增施磷、钾肥。注意防止茎叶徒长,避免田间通风透光不良,结荚率下降。结荚期和生长后期须追施适量氮肥,以防止早衰。⑤开花期及时防治病虫害,促进植株健壮。尤其对豇豆螟的防治应主要施用除尽1 500～2 000倍液,或卡死克1 500～2 000倍液,或阿维菌素1 500～2 000倍液,要注意轮换使用,严禁施用剧毒农药。使用中要掌握"治花不治荚"的原则,在早晨豇豆闭花前(约10时前)喷药防治为宜。开花期喷施少量生长调节剂,在一定程度上可以防止落花落荚,提高成荚率,一般喷施5～25毫克/千克萘乙酸或2毫克/千克对氯苯氧乙酸溶液。⑥及时采收,防止果荚之间争夺养分。

## **170.** 豇豆结荚节位升高、空蔓是什么原因？如何防治？

(1)主要症状 一般中晚熟品种结荚节位较高,但早熟品种在苗期徒长,初花期生长过旺时,也会使结荚节位升高。

(2)发生原因 ①豇豆苗期,在 1~3 片复叶正值花穗原基开始分化时,如遇到过低温度,其分化受阻,会影响基部花穗形成。②开花结荚前,尤其是苗期、初花期对水分特别敏感,如肥水过多,特别是氮肥过多,会使蔓叶生长旺盛,开花结荚节位升高,延迟开花结荚,花穗数目减少,侧芽萌发,或落花落荚、受病虫危害等而形成空蔓。

(3)防治措施 参考豇豆落花落荚症。

# 171. 菜豆发生大量的落花落荚
## 是什么原因? 如何防治?

(1)主要症状 落花落荚现象非常严重。

(2)发生原因 ①生理原因。在开花初期,由于营养生长和生殖生长同时进行,花序得不到充足的营养,导致落花;在生育后期,植株衰弱,叶片制造的养分不足,也易引起落花。②环境条件不适。开花结荚期温度高于 30℃,或低于 15℃,均会影响授粉而引起落花;开花期空气湿度太低或太高,或遇雨,也会影响授粉而导致落花;日照不足,会使植株营养生长不良而引起落花。③栽培管理不当。氮肥施用过多,使营养生长过旺;肥料不足,造成营养不良,病虫害严重等,均会引起落花落荚。

(3)防治措施 ①选用坐荚率高的优良品种。②适时播种,适当间套作,创造植株良好生长的环境条件。③加强田间管理,适当施用氮肥,配合施用磷、钾肥料,合理密植,适当灌水。④生长期向叶面喷 1% 葡萄糖液。⑤开花期用 0.5% 尿素液喷叶面,可减少落花落荚,提高坐荚率。

## 172. 菜豆施用氮肥后徒长,开花结荚少, 是什么原因?如何防治?

(1)主要症状　植株徒长,开花少,结荚少。

(2)发生原因　菜豆根系具有根瘤,根瘤菌可固定和利用空气中的氮素。生长前期根瘤尚未形成时,施用适量氮肥,可促进前期生长和根瘤着生及发育,一旦根瘤具有固氮能力以后,施用氮肥容易使植株受害:一是过量的氮会对根瘤菌产生毒害,使根瘤菌失去固氮能力;二是菜豆的耐盐性比较差,过量施肥容易导致盐害,使菜豆生长停顿,甚至枯萎;三是后期施氮会导致氮代谢过旺,植株徒长,抑制开花结荚或使落花严重,产量明显下降。

(3)防治措施　菜豆施肥要控氮增磷、钾,一般菜豆苗期施氮素不要超过2千克,超过4千克就有可能受害,尤其是结荚期应避免多施氮肥。有条件的,可补充一些钼肥,以促进根瘤固氮。

## 173. 如何识别与防治菜豆缺氮症?

(1)主要症状　植株生长弱,叶片薄而瘦小,叶色淡,下部叶黄化,容易脱落;豆荚不饱满且弯曲。

(2)发生原因　①在日光温室条件下,菜豆很少出现缺氮症。在沙质土壤上新建日光温室时,土壤供氮不足或施肥量少,可能出现缺氮症。②种植前施用大量没有腐熟的作物秸秆或有机肥,碳素过多,其分解时夺取土壤中的氮素,造成缺氮。

(3)诊断要点　①观察植株是从心叶还是从下部叶开始黄化,如从下部叶开始黄化,则为缺氮。②种植前施用未腐熟的作物秸秆或有机肥,短时间内会引起缺氮。

(4)防治措施　①施用新鲜的有机物(作物秸秆或有机肥)做基肥时,要增施氮素或施用完全腐熟的堆肥。②应急措施是,及时追施氮肥,每667平方米可施尿素5千克左右,或用1%～2%尿素溶液做叶面喷肥,每隔7天左右喷1次,共喷2～3次。

## 174. 如何识别与防治菜豆缺磷症?

(1)主要症状　植株早期叶色深绿,以后从下部叶变黄,植株生长差。

(2)发生原因　①堆肥施用量小或磷肥施用量少,易发生缺磷症。②早春或越冬栽培菜豆发生缺磷,多因地温低所致。③土壤水分过多时,易导致地温低,使磷的吸收受阻。④土壤呈酸性时,容易缺磷。

(3)诊断要点　根据不同生育阶段和不同季节过低温度及土壤酸碱反应进行判断。

(4)防治措施　①土壤缺磷时,增施磷肥。②施用足够的堆肥等有机质肥料。③及时追施磷肥,每667平方米可施过磷酸钙12～20千克,或用2%～4%过磷酸钙溶液做叶面喷施,每隔7天左右喷1次,共喷2～3次。

## 175. 如何识别与防治菜豆缺钾症?

(1)主要症状　下部叶易向外卷,叶脉间变黄;上部叶表现为淡绿色。

(2)发生原因　参考黄瓜缺钾症。

(3)防治措施　①施用足够的钾肥。②每667平方米可施硫酸钾10～15千克,或用0.1%～0.2%磷酸二氢钾溶液做叶面喷施,每隔 7 天左右喷 1 次,共喷 2~3 次。

## 176. 如何识别与防治菜豆缺钙症?

(1)主要症状　上部叶的叶脉间淡绿色或黄色,中、下部叶下垂呈降落伞状,幼荚生长受阻。植株顶端发黑甚至死亡。

(2)发生原因　①土壤盐基含量低,酸化,土壤含钙不足,尤其是沙性较大的土壤易发生。②虽然土壤中钙多,但土壤盐类浓度高时,也会发生缺钙的生理障害。③施用铵态氮肥过多时,也容易发生缺钙。④土壤干燥,空气湿度低,连续高温时,易出现缺钙症状。⑤当施用钾肥过多时,也会出现缺钙情况。

(3)防治措施　①多施有机肥,使钙处于容易被吸收的状态。②土壤缺钙时,要供应充足的钙肥。普通过磷酸钙、重过磷酸钙、钙镁磷肥和钢渣磷肥,既是磷肥,又是含钙的肥料,均可合理施用。③实行深耕,多灌水。④应急时对叶面喷洒 0.1%~0.3%氯化钙溶液,每 5~7 天喷 1 次,共喷 2~3 次。

## 177. 如何识别与防治菜豆缺镁症?

(1)主要症状　叶脉间先出现斑点状黄化,继而扩展到全叶,叶脉仍保持绿色。严重时,叶片过早脱落。

(2)发生原因　①菜豆易发生缺镁的原因是低温。地温低将影响根系对镁的吸收,在地温低于 15℃时就会影响根系对镁的吸收。②土壤中镁含量虽然多,但如果施钾过多,将影响菜豆对镁的吸收而易发生缺镁。③一次性大量施用铵态氮肥,也容易造成菜豆缺镁。④当菜豆植株对镁的需要量大而根不能满足其需要时,会发生缺镁。

(3)防治措施　①提高地温,在结荚盛期保持地温在

15℃以上,同时多施有机肥。②土壤中镁不足时,要补充镁肥,镁肥最好是与钾肥、磷肥混合施用。③应急措施是,用0.5%~1%硫酸镁溶液做喷施,每5~7天喷1次,共喷2~3次。

## 178. 如何识别与防治菜豆缺铁症?

(1)主要症状 上部叶的叶脉残留绿色,叶脉呈网状,严重时全部新叶变鲜黄色。

(2)发生原因 ①碱性土壤、磷肥施用过量,或土壤中铜、锰过量,均易发生缺铁。②如土壤过干、过湿、温度低,将影响根的活力,易发生缺铁。③土壤通气不良或盐渍化,使根系受损而影响根系的吸收能力,也会使菜豆缺铁。

(3)防治措施 ①增施铁肥。将硫酸亚铁与有机肥混合施用,既可条施,也可穴施。有机肥与硫酸亚铁混合比例以10~20:1为宜,混合发酵1周即可施用。②尽量少施碱性肥料,防止土壤呈碱性。③加强土壤水分管理,防止土壤过干、过湿。④应急措施是,将易溶于水的无机铁肥或有机络合态铁肥配制成0.5%~1%溶液与1%尿素混合喷施。

## 179. 如何识别与防治菜豆缺锰症?

(1)主要症状 上部叶的叶脉残留绿色,叶脉间呈淡绿色至黄色。

(2)发生原因 ①碱性土壤容易缺锰。检测土壤酸碱性,出现症状的植株根际土壤呈碱性,则有可能是缺锰。②土壤有机质含量低容易引起缺锰。③土壤盐类浓度过高易缺锰。肥料如一次施用过多时,使土壤盐类浓度过高,将影响对锰的吸收。

(3)防治措施 ①增施锰肥。每667平方米用硫酸锰或氧化锰1～2千克与有机肥或酸性肥料混合后施用,可以减轻土壤对锰的固定,而提高锰肥效果。也可采用其他难溶性锰肥做基肥。②增施有机肥。③科学施用化肥,应注意全面混合施或分施,勿使肥料在土壤中造成高浓度。④应急措施是,用0.01%～0.02%硫酸锰溶液进行叶面喷肥。

## 180. 如何识别与防治菜豆缺锌症?

(1)主要症状 幼叶逐渐发生褪绿病。褪绿病开始发生在叶脉间,逐步蔓延到整个叶片,致使肉眼看不见明显的绿色叶脉。

(2)发生原因 ①碱性土壤pH较高,降低了锌的有效性,是缺锌的主要土壤类型。②土壤有机质含量很高,有机质对锌的吸附使锌的有效性降低。③过量施用磷肥的土壤易发生缺锌。④日光温室菜豆产量高,如连续几年不施用锌肥,易造成缺锌。

(3)防治措施 ①土壤缺锌时最常用的方法是施用硫酸锌,撒施、条施皆可。撒施时,要进行耕耙。播种或移栽前是土壤施锌的最佳时机,一般每667平方米施用硫酸锌1～1.5千克。②不要过量施用磷肥。③应急措施是,用硫酸锌0.1%～0.2%溶液喷洒叶面。

## 181. 如何识别与防治菜豆缺硼症?

(1)主要症状 植株生育变慢,幼叶变为淡绿色,叶畸形、发硬,易折断,节间缩短;茎尖分生组织死亡,不能开花,有时茎裂开;豆荚种子粒少,严重时无粒;侧根生长不良。

(2)发生原因 ①缺硼一般发生在沙土和酸性或碱性土

壤上。②土壤干燥和低温影响菜豆对硼素的吸收。③土壤中营养元素不平衡时常诱发菜豆缺硼。

(3)防治措施 ①如为缺硼土壤,预先应施用硼肥。为了防止施硼过多或施硼不均匀,可施用溶解度低的含硼玻璃肥料或硼、镁肥等,以减缓硼释放的速度。一般硼在土壤中残效较小,需要每年补充。②适时浇水,防止土壤干燥。③多施腐熟的有机肥,以提高土壤肥力。④注意平衡施肥。⑤应急措施是,每667平方米用硼砂0.3千克或硼酸0.2千克与氮、磷、钾肥混合追施,或每667平方米用硼砂150~200克或硼酸50~100克对水50~60升做叶面喷施,一般在菜豆苗期、始果期各喷施1次。

## 182. 如何识别与防治菜豆缺钼症?

(1)主要症状 叶色淡黄,生长不良,表现出类似缺氮的症状。严重缺钼时中脉坏死,叶片变形。

(2)发生原因 ①土壤有效钼的含量低。②酸性土壤有效态钼含量低,土壤pH为8时钼有效性高。③过量施用含硫肥料会导致缺钼。④如土壤中的活性铁、锰含量高,也会与钼产生拮抗,导致土壤缺钼。

(3)防治措施 ①改良土壤,防止土壤酸化。在酸性土壤上施用钼肥时,要与施用石灰、土壤酸碱度一起考虑,才能获得最好的效果。②应急措施是,每667平方米喷施0.05%~0.1%钼酸铵溶液50升,分别在苗期与开花期各喷1~2次。叶面喷肥应选无雨无风天16时以后进行,把植株功能叶片喷洒均匀即可。常用钼肥为钼酸铵与钼酸钠。钼酸铵含钼50%~54%,为白色或浅黄色菱形结晶体,易溶于水;钼酸钠含钼35%~39%,为白色的菱形结晶体,也易溶于水,主要用于叶面喷肥。施用时,先将钼肥用少量热水溶解,再用冷水稀释到所需要的浓度。

## 183. 如何识别与防治菜豆亚硝酸气危害?

(1)主要症状　多数从叶缘开始表现症状,在大叶脉间形成病斑,病斑呈黄白色,边缘颜色略深,病健部界线明显。发病速度较快时,叶片呈绿色枯焦状。因施肥过多引起的亚硝酸气危害,多与肥害相伴发生。

(2)发生原因　大量施用化肥或粪肥,在土壤由碱性变酸性时,硝酸化细菌活动受抑制,致使亚硝态氮不能正常、及时地转换成硝酸态氮而产生亚硝酸气危害。

(3)防治措施　施用充分腐熟的农家肥。施化肥特别是施尿素时,要少施勤施,施后及时浇水,加强通风。产生亚硝酸气危害后应及时喷施叶面宝等叶面肥加以缓解。

## 184. 如何防止芹菜先期抽薹?

(1)主要症状　芹菜在作为食用商品收获前,植株长出花薹,使食用品质下降,这种现象称先期抽薹。

(2)发生原因　一是芹菜幼苗在2~3片真叶以后通过春化阶段;二是10℃以下的低温;三是10天以上的低温时间。在长日照、高温环境下,如出现这三种条件,极易抽薹。

(3)防止措施　①科学选种。选用冬性强、通过春化阶段需要条件严格的品种。也可选用营养生长旺盛的品种。②采用新种子。饱满的新种子比陈旧种子长成的植株旺盛,先期抽薹现象较轻。春播夏收的芹菜种子冬性弱,先期抽薹现象严重;而头一年秋栽、翌年采种所留的种子冬性强,先期抽薹现象较轻。采种时,应严格按农艺操作技术要求进行,严防选先期抽薹植株留种,否则将大大降低品种的冬性,造成品质退化,从而加剧先期抽薹现象的发生。③预防低温。冬、春育苗期应适期播种,注意保温,避免苗期处在 8℃～10℃ 以下的低温;夜间温度应保持 8℃～12℃ 以上,白天温度保持 15℃～20℃。④加强管理。定植后加强肥水管理,及时防治病虫害,确保植株正常生长发育,防止干旱、少肥和蹲苗,促进营养生长,抑制生殖生长。⑤喷赤霉素。在加强管理的前提下,生长盛期每隔 7～10 天喷 1 次 20～50 毫克/升赤霉素溶液,连喷2～3 次,可促进营养生长,减缓先期抽薹。⑥适时收获。在花薹尚未长出前采收,或用擗叶收获法采收,均可减轻先期抽薹的危害。

### 185. 芹菜心腐病是什么原因? 如何防治?

(1)主要症状 芹菜心腐病又称黑心病,为缺钙造成的生理性病害。发病初期,心叶枯焦变褐,严重时心部枯死;如遇潮湿,心部受细菌感染而腐烂,不堪食用。

(2)发生原因 ①土壤中钙的含量缺乏。②土壤中硼的含量缺乏,造成芹菜根难以吸收钙。③土壤中盐类浓度过大,造成钙的吸收困难。④在干燥情况下,氮肥用量过多造成根吸收硼困难,导致植株对钙的吸收不足。

(3)防治措施 发现病情后,可用 0.5% 氯化钙溶液喷到植株心部进行补钙。施用时,注意各营养元素的平衡,调整好土壤中氮、磷、钾、硼、钙等元素的含量。注意水分供应,防止土壤干旱。

### 186. 芹菜烧心病是什么原因? 如何防治?

(1)主要症状 该病症一般主要发生在植株具 11～12 片

叶时,心叶坏死,造成烧心。该病生育前期较少出现。

(2)发病原因　主要是由缺钙或缺硼引起的。在高温、干旱、施肥过多的条件下容易发生烧心。高温促进芹菜生长发育,加速植株对氮、钾、镁等元素的吸收,当过量吸收氮、钾、镁等元素时,就会显著地减少钙的吸收量或抑制芹菜对硼的吸收,造成缺钙或缺硼,因而发生烧心。

(3)防治措施　①主要从加强管理入手,做到温度、湿度适当,避免高温和干旱。在芹菜长到 10 片真叶时,要注意控制适宜的温度,土壤湿度不能小,应保持湿润,及时浇水。②对酸性土壤要施入石灰,把土壤的酸碱度调为中性。③发病初期,可喷洒 0.5% 硝酸钙或氯化钙 + 0.1% ~ 0.3% 硼砂溶液。

## 187. 芹菜空心病是什么原因? 如何防治?

(1)主要症状　从叶柄基部向上延伸,空心部位呈白色絮状,木栓化组织增生,严重降低芹菜的品质。

(2)发病原因　①一般沙性土壤发生较多,病情发展也快。②养分不足或生长后期易发生空心病。③土壤缺水、温度过高以及芹菜受冷害易发生空心病。④过量喷施赤霉素、贮藏失水均可发生空心病。

(3)防治措施　①选用纯度高、质量好的实心芹菜优良品种,如四季西芹、百利西芹、文图拉、津南实芹一号、美国西芹等。②选择富含有机质、保水、保肥力强的壤土,避免在沙性过大的土壤种植芹菜。③定植前要施足基肥,及时追肥、灌水。④发现叶色较淡、脱肥等症状时,可喷洒 0.1% 尿素溶液 2 ~ 3 次。⑤适时收获。芹菜的收获期不严格,只要长成就应及时收获。如果收获期偏晚,叶柄老化,叶片制造营养物质能力下降,根系吸收能力减弱,这时会因老化、营养不足而使叶柄中的薄壁细胞破裂而形成空心现象。

## 188. 芹菜叶柄开裂病是什么原因? 如何防治?

(1)**主要症状**　芹菜叶柄开裂,多表现为基部连同叶柄同时开裂,不仅影响品质,而且极易感染病菌而发生霉烂,失去食用价值。

(2)**发病原因**　①缺乏硼元素。②在低温、干旱条件下,植株生长受阻所致。③突发性高温、多湿,使植株吸水过多,造成组织快速充水而容易开裂。

(3)**防治措施**　①施足充分腐熟的有机肥,每667平方米施硼砂1千克,与有机肥充分混匀后施用。②叶面喷施0.1%~0.3%硼砂溶液。③控制好温、湿度,创造适宜的温度和水分条件,避免大旱、大涝。寒冷季节要注意保温、保湿,避免温度忽高、忽低。深耕松土,多施有机肥,以促进根系生长,增强植株抗旱、抗低温的能力。管理中注意均匀浇水。

## 189. 如何识别与防治花椰菜缺钙症?

(1)**主要症状**　顶端叶生长发育受阻呈畸形,靠近顶端的叶发生淡褐色斑点,同时叶脉变黄,从上部叶开始枯死。

(2)**发生原因**　参考黄瓜缺钙症。

(3)**防治措施**　①控制肥料用量,不宜一次用肥过多,特别是不宜施用过多含氯的化肥,如氯化铵和氯化钾。及时灌溉,防止土壤干旱。②叶面喷钙可选用氯化钙和硝酸钙,浓度为0.3%~0.5%。一般每隔7天左右喷1次,连喷2~3次即可见效。此外,在喷钙时加入生长素类物质,如萘乙酸,可促进钙的吸收。具体的配制方法是,0.4%氯化钙 + 50毫克/千克萘乙酸,混匀后喷施。③施用石灰质肥料,如石膏、过磷酸钙和钙镁磷肥等。石灰性土壤一般不必单独施用钙肥,通常施用磷肥时已含有钙。

## 190. 如何识别与防治花椰菜缺镁症?

(1)**主要症状** 下部叶的叶脉间呈淡绿色,后呈鲜黄色。

(2)**发生原因** ①土壤本身含镁量低。②钾、氮肥一次性用量过多,农家肥少,因而阻碍了对镁的吸收。

(3)**防治措施** ①土壤缺镁时,在栽培前要施用足够的含镁肥料,常用的镁肥有硫酸镁、氯化镁、硝酸镁、氧化镁、钾镁肥等,这些肥料可溶于水,易被花椰菜等作物吸收。白云石、菱镁矿、钙镁磷肥、光卤石等也含有效镁,微溶于水,肥效较慢。磷酸镁铵是一种长效的复合肥料,除含镁外,还含有8%的氮和40%的五氧化二磷,微溶于水,其所含养分全部有效。②要注意氮、磷肥的配合施用,避免一次施用过量的钾、氮等肥料,而阻碍对镁的吸收。③应急措施是,用 1% ~ 2% 硫酸镁溶液喷洒叶面。

## 191. 如何识别与防治花椰菜缺硼症?

(1)**主要症状** 主茎和小花茎上出现分散的水浸状斑块,花球外部和内部变黑。缺硼症在花球不同成熟阶段都能发生。花球周围的小叶缺硼时,发育不健全或扭曲。如青花菜缺硼,茎部中空。

(2)**发生原因** 过量施用碱性肥料,可引起硼的缺乏症。土壤 pH 为 4.7 ~ 6.7 时,硼的有效性最高。水溶性硼与 pH 成正相关,pH 低于 4.7,硼的有效性高,但容易被淋洗而造成损失,因此强酸性土壤容易缺硼。施用大量石灰,硼的吸附固定性增强,会诱发缺硼。在 pH 为 7.1~8.1 时,硼的有效性降低。水溶性硼与 pH 成负相关,碱性土壤容易缺硼。

(3)防治措施　①如土壤缺硼,应预先施用硼肥,每 667 平方米施用硼砂 1 千克左右。②适时浇水,防止土壤干燥。③多施腐熟的有机肥,以提高土壤肥力。④应急的措施是,用 0.1%~0.2%硼砂或硼酸溶液喷洒叶面。

## 192. 如何识别与防治花椰菜缺锌症?

(1)主要症状　植株生长差,叶或叶柄呈紫红色。

(2)发生原因　参考黄瓜缺锌症。

(3)防治措施　①土壤缺锌时,可施用硫酸锌做基肥,每 667 平方米用 1.5 千克左右。②应急措施是,用硫酸锌 0.1%~0.2%溶液喷洒叶面。

## 193. 如何识别与防治花椰菜缺钼症?

(1)主要症状　叶片狭长条状,叶片边缘弯曲,凹凸不整齐,幼叶和叶脉失绿,又称"鞭尾症",严重时不结球。

(2)发生原因　钼与其他微量元素相反,它对植物的有效性随土壤 pH 的增加(即碱性增强)而增加。因此,一般 pH 在 6.5 以上的土壤很少缺钼,而酸性土壤和富含铁的土壤则易发生缺钼。土壤有效态钼小于 0.1 毫克/千克时,植株表现缺钼。

(3)防治措施　①矫正土壤酸性,每 667 平方米施用 50 千克石灰中和土壤酸度,以提高土壤中钼的有效性。②施用钼肥,通常用钼酸钠和钼酸铵直接施入土壤,每 667 平方米用量为 10~50 克,可保持数年的残效。叶面喷施 0.05%~0.1%钼酸铵溶液,均匀地喷 1~2 次即可见效。③多施有机肥,因为钼是微量营养元素中需要量最小的一种,施用一定数量有机肥料所补充的钼即可满足需要。④缺钼土壤往往同时供磷不足而影响钼肥的效果,因此对缺钼土壤可适当多施磷肥。

## 194. 花椰菜"散球"是什么原因? 如何防止?

(1)主要症状　在花椰菜生产中,有的花球没长多大,花枝便提早伸长、散开,致使花球疏松;有的花球顶部呈现紫绿色绒花状,过一段时间,抽出的花枝可见到明显花蕾,整个花球呈鸡爪状,这种现象称为"散球"。散球后,花椰菜基本失去食用价值。

(2)发生原因　①品种不适。有些品种冬性弱,易低温春化而出现散球。②幼苗生长发育不良。花椰菜花球形成必须有足够的叶面积。如果苗期因干旱或较长时间的低温影响,生长即受到抑制而形成老化苗,定植后易出现散球。③定植期不合理。花椰菜叶片生长适温为 18℃~24℃,定植过早易受低温、霜冻的影响,叶片长不起来,花球很小,易导致散球。花球生长的适温为 15℃~18℃,定植过晚,到花球生长期时温度过高,花枝会迅速伸长而散球。④肥水不足。花椰菜喜肥喜湿,若肥水不足,则叶片生长瘦小,导致花球小而散球。现花后,如果土壤干旱,也会出现散球。

(3)防止措施　①选用冬性强的春栽品种。从外地引入的品种,应经过试种后再用于生产。②采用营养钵或塑料袋育苗。营养钵或塑料袋直径不宜小于 8 厘米。苗期温度白天保持在 13℃~15℃,夜间在 10℃~12℃,防止干旱,育成有7~8 片叶,叶面积较大,茎粗节短,根系发达,株高为 15~18厘米的壮苗。③适期定植。春季栽培花椰菜最好用中、晚熟品种,于 10～11 月份播种,翌年 1～2 月份定植。及时松土,最好采用地膜加盖小拱棚温室覆盖栽培。在晴好天气应注意温室的通风管理。④加强肥水管理。定植前每 667 平方米施优质农家肥 2 000～3 000 千克,定植时每 667 平方米施硫酸铵 10 千克。浇足定根水,缓苗后浇 1 次缓苗水,随即中耕、蹲苗;在花球直径达 2～3 厘米时结束蹲苗,经 10 天再浇 1 次小水,保持土面湿润;现花后,结合灌水追肥 2 次,每次每 667 平方米追施硫酸铵 15 千克或人粪尿 1 000 千克。此外,在花球充分长成,表面圆正,边缘尚未散开时及早采收。

## 195. 青花菜花球松散、花蕾变黄是什么原因?如何防治?

(1)主要症状　属缺硼造成的一种生理性病害。缺硼较轻者,表现为花球稍松散、花蕾变黄;严重时表现为花球松散,花蕾变黄褐色,易脱落,茎部中央发生褐色横裂而中空,甚至生长初期顶芽变褐枯死,叶柄上也有褐色横裂。

(2)发生原因　青花菜对硼的需要量较多,一般较贫瘠或少种蔬菜的沙质土都会缺硼,因此在这类土壤种植花椰菜会发生缺硼生理病害,青花菜比白花椰菜较易发生。

(3)防治措施　①在较瘦的沙质土种植青花菜,应在施基肥时加入硼砂,每 667 平方米用量为 1.5 千克左右。②发现缺硼时,要立即用 0.2%～0.3% 硼砂溶液喷施叶面,并同时淋浇植株根部。

## 196. 青花菜空茎是什么原因?如何防治?

(1)主要症状　青花菜空茎或空心是指其商品花球的主茎有空洞,但不腐烂,是由于生理失调而形成的。空茎是一种不良的商品性状,市场上特别是国外市场上要求商品青花菜无空茎。若选用品种和种植管理不当,造成植株生理失调,会使植株形成空茎,将严重影响商品花球的品质和商品价值。空茎主要在花球成熟期形成,最初在茎组织内形成几个椭圆形的小缺口,随着植株的成熟,小缺口逐渐扩大,连接成一个大缺口,使茎形成空洞,严重时空洞扩展到花茎上。空洞表面木质化,变成褐色,但不腐烂。将花球和茎纵切,或在花球顶部往下 15 ~ 17 厘米处的茎横切,均可看到空茎。

(2)发生原因　①株行距过大,植株生长速率加快,则空茎发生率高。②氮肥施用过量,特别是花球生长期植株生长过快,常严重发生空茎。③青花菜是一种多汁液作物,需要一定的土壤水分,如营养生长期和花球生长期缺水或浇水不当,易发生空茎。④青花菜是一种喜凉作物,生长适温为 15℃ ~ 22℃,如种植季节安排不当,在花球生长期遇高温(25℃以上),将使花球生长过快而形成空茎。⑤青花菜空茎与缺硼有关。在缺硼的条件下,可诱导茎内组织细胞壁结构改变,使茎内组织退化,并伴随木质化过程发生空茎。

(3)防治措施　①安排适宜的种植时期。在安排种植青花菜时,要避免花球生长期遇上高温。因此,应根据所选品种的生育期适时播种,培育壮苗,适时定植。②合理密植。根据所用品种的特性合理密植。一般适宜的株距为 30 ~ 45 厘米,行距为 60 ~ 70 厘米。③管理上始终保持土壤见干见湿,在干旱地区和北方春季种植期,一般要求每隔 5 ~ 7 天浇 1 次水。应避免在花球生长期过量施氮肥。④对缺硼的土壤,每 667 平方米施硼肥 0.5 千克做基肥,再用硼肥 0.5 千克做追肥或灌根。⑤适时采收。青花菜的产品器官是已经形成花蕾的花球,采收过早,花球未充分长大,产量低;采收过晚易形成空茎,而且花球易松散、枯蕾而失去商品价值,因此必须适时采收。一般说来,从现花球到收获需 10～15 天,收获标准是花球横径为 12～15 厘米,花球紧密,花蕾无黄化或坏死。

## 197.如何防止早春甘蓝抽薹?

(1)主要症状　早春甘蓝由于栽培管理不当,常发生未熟而抽薹现象。

(2)发生原因　①与幼苗遇低温有关。甘蓝属于植株春化型,当幼苗长到 7 片真叶左右、叶宽 5 厘米以上、茎粗为 0.6 厘米左右时,遇到 0℃～12℃的低温,经过 40～70 天,就会通过春化而发生抽薹现象。特别是在 0℃～4℃的低温条件下,更容易通过春化而发生未熟抽薹。②与品种的耐冬性强弱有关。过去种植的老品种冬性较弱,易发生未熟抽薹现象。如果错误选择夏、秋品种用于早春种植,更易发生未熟抽薹现象。采用中甘 11 号、8398、冬甘 1 号、冬甘 15 号等品种,不易发生未熟而抽薹现象。③与早春气候条件有关。即使选择种植冬性较强的早春甘蓝品种,如果育苗期间或定植后遇到气温反常的现象,也容易引起未熟抽薹。④与播种早晚有关。播种越早,到定植时幼苗往往过大,幼苗处于低温的时间越长,通过春化的机会就越多,发生未熟抽薹的比率越大。⑤与苗床温度的管理有关。虽然播种不早,但如果苗床温度较高,幼苗生长较快,定植后遇到低温也会发生未熟抽薹。⑥与定植早晚及定植后的管理有关。早春甘蓝如果定植过早,特别是定植后受倒春寒的影响,更容易发生未熟抽薹。但是在遇到低温推迟定植时,因苗龄过长也易导致未熟抽薹。

(3)防止措施　一是选用冬性强的品种。二是适时播种,控制苗床温度。适宜的播种期应根据栽培设施确定,如采用

· 133 ·

日光温室育苗,出齐苗后注意通风,苗床最高气温一般不要超过15℃,并加强管理,防止幼苗徒长。三是加强田间管理,适时定植,前期注意适当蹲苗。四是施用化学药剂防止抽薹。当幼苗长到4~5片真叶时,在低温期间用250毫克/千克氯苯氯丙酸做叶面喷洒,可抑制早期抽薹。五是及时收获。当春甘蓝叶球长到紧实时,要及时采收,以免抽薹。

## 198. 如何识别与防治甘蓝心腐病?

(1)主要症状　甘蓝结球以后,剖开叶球可见内叶边缘或内叶连同心叶一起褐变干枯;严重时,结球初期未结球的叶片也会表现出缺钙症,其特征为叶缘皱缩、褐腐。

(2)发生原因　因缺钙造成。

(3)防治措施　①施用钙肥:对于酸性土壤可施用石灰,对于中性或碱性土壤,追肥无效,可用0.3%~0.5%氯化钙溶液做叶面喷施,连喷数次。②增施有机肥,控制化肥用量。③防止土壤干燥。④对于盐分较高的土壤或早春随着气温升高而导致表层聚盐的土壤,要及时灌水洗盐,并保持土壤湿润,以增强甘蓝根系对钙的吸收能力。

## 199. 如何识别与防治莴苣缺硼症?

(1)主要症状　莴苣缺硼,将出现分生叶片畸形,上部叶片呈现斑点和日灼状,植株生长点停止生长。莴苣缺硼的首要症状是生长缓慢和由于叶缘停止生长,顶部嫩叶向下弯曲而出现畸形,叶上斑点增多形成斑块,逐渐扩展到所有上部叶片,叶尖端似日灼状。老叶上缺硼症表现不明显,主要发生在幼嫩叶片,首先是生长点呈卷缩状。

(2)发生原因　参考黄瓜缺硼症。

(3)防治措施　①土壤缺硼,在增施农家肥的基础上施用硼肥,每667平方米施硼砂1千克左右。②要适时浇水,防止土壤干燥。③多施腐熟的有机肥,提高土壤肥力。④应急措施是,用0.12%～0.25%硼砂或硼酸溶液喷洒叶面。用硼酸做叶面喷雾时,应加入半量的生石灰。

## 200. 莴苣裂口是什么原因? 如何防治?

(1)主要症状　叶、茎开裂,影响外观品质。

(2)发生原因　一是与品种有关;二是与水肥供应不均、忽旱忽涝有关,特别是在肉质茎成熟时,外皮已木质化,如此时大量浇水,肉质茎突然膨大,表皮不能随之膨大而造成裂口;三是因缺硼而造成。

(3)防治措施　①选用抗裂品种。②选好土壤,精耕细作,经常保持土壤疏松;根据天气情况和莴苣生长表现,及时并均匀供水,使土壤保持湿润而透气,切忌时干时湿或长期不浇水。③喷施0.1%～0.25%硼砂液。

# 参考文献

1　梁成华,吴建繁.保护地蔬菜生理病害诊断及防治(彩色图册).北京:中国农业出版社,1999

2　王久兴,朱中华.蔬菜病虫害防治图谱.北京:中国农业大学出版社,2002

3　华琼.番茄生理病害发生的原因与措施.湖北植保,1999(1):27

4　刘峰.棚室番茄果实主要生理病害的形成及其防治.植物医生,2003(8):18～19

5　张淑萍.日光温室深冬茄子生理病害的识别与防治.北京农业,2000(12):10

6　陈莉等.保护地茄子生理障碍的发生及对策.蔬菜,2004(2):21～22

7　韩学俭.辣椒育苗期主要生理病害.蔬菜,2003(11):22～23

8　奚秀珍等.黄瓜几种主要生理病害的发生及防治.吉林蔬菜,1999(1):21

9　张冬梅.黄瓜缺素症及其防治.植物医生,1996(6):3

10　张菊平,张兴志.西瓜生理病害及生长异常的发生和防止对策.北方园艺,2003(3):32～33

11　侯洪森等.西瓜常见生理性病害的发生及防治.长江蔬菜,2005(3):23～25

12　孙丰宝,孙振军.保护地厚皮甜瓜常见生理病害的发生与防治.北方园艺,2003(5):13

13　刘重桂,胡永德.西芹常见生理病害及其综合防治.江西农业科技,2003(12):1

## 金盾版图书，科学实用，
## 通俗易懂，物美价廉，欢迎选购

| | | | |
|---|---|---|---|
| 怎样种好菜园（新编北方本修订版） | 19.00 元 | 版） | 8.00 元 |
| | | 现代蔬菜灌溉技术 | 7.00 元 |
| 怎样种好菜园（南方本第二次修订版） | 8.50 元 | 城郊农村如何发展蔬菜业 | 6.50 元 |
| 菜田农药安全合理使用150 题 | 7.00 元 | 蔬菜规模化种植致富第一村——山东省寿光市三元朱村 | 10.00 元 |
| 露地蔬菜高效栽培模式 | 9.00 元 | | |
| 图说蔬菜嫁接育苗技术 | 14.00 元 | 种菜关键技术 121 题 | 13.00 元 |
| 蔬菜贮运工培训教材 | 8.00 元 | 菜田除草新技术 | 7.00 元 |
| 蔬菜生产手册 | 11.50 元 | 蔬菜无土栽培新技术（修订版） | 14.00 元 |
| 蔬菜栽培实用技术 | 25.00 元 | | |
| 蔬菜生产实用新技术 | 17.00 元 | 无公害蔬菜栽培新技术 | 9.00 元 |
| 蔬菜嫁接栽培实用技术 | 10.00 元 | 长江流域冬季蔬菜栽培技术 | 10.00 元 |
| 蔬菜无土栽培技术操作规程 | 6.00 元 | | |
| | | 南方高山蔬菜生产技术 | 16.00 元 |
| 蔬菜调控与保鲜实用技术 | 18.50 元 | 夏季绿叶蔬菜栽培技术 | 4.60 元 |
| | | 四季叶菜生产技术 160 题 | 7.00 元 |
| 蔬菜科学施肥 | 9.00 元 | | |
| 蔬菜配方施肥 120 题 | 6.50 元 | 绿叶菜类蔬菜园艺工培训教材 | 9.00 元 |
| 蔬菜施肥技术问答（修订 | | | |

以上图书由全国各地新华书店经销。凡向本社邮购图书或音像制品，可通过邮局汇款，在汇单"附言"栏填写所购书目，邮购图书均可享受 9 折优惠。购书 30 元（按打折后实款计算）以上的免收邮挂费，购书不足 30 元的按邮局资费标准收取 3 元挂号费，邮寄费由我社承担。邮购地址：北京市丰台区晓月中路 29 号，邮政编码：100072，联系人：金友，电话：(010)83210681、83210682、83219215、83219217(传真)。